FORSCHUNGSBERICHTE DES LANDES NORDRHEIN-WESTFALEN

Nr. 2161

Herausgegeben im Auftrage des Ministerpräsidenten Heinz Kühn
und des Ministers für Wissenschaft und Forschung Johannes Rau
von Leo Brandt

Dr. Wolfgang Stein
Herbert v. d. Weyden

Institut für textile Meßtechnik M. Gladbach e. V., Mönchengladbach

Vergleichende Zugprüfungen an Einzelfasern, Faserbündeln, Garnen und Zwirnen

SPRINGER FACHMEDIEN WIESBADEN GMBH 1971

ISBN 978-3-663-19918-2　　ISBN 978-3-663-20262-2 (eBook)
DOI 10.1007/978-3-663-20262-2

Verlags-Nr. 012161

© 1971 Springer Fachmedien Wiesbaden
Ursprünglich erschienen bei Westdeutscher Verlag, Opladen 1971

Gesamtherstellung: Westdeutscher Verlag

Inhalt

1. Einführung 5
2. Aufgabenstellung 8
3. Geräte und Materialien 8
4. Prüfmethoden 10
   4.1   Bündelprüfung 10
   4.2   Einzelfaserprüfung 11
   4.3   Prüfung an Garnen und Zwirnen 11
5. Durchgeführte Untersuchungen 11
   5.1   Voruntersuchungen zur Bündelprüfung 11
   5.1.1 Meßfehler beim Pressley-Test 11
   5.1.2 Überprüfung der Pressley-Bündelklemmen 12
   5.1.2.1 Messung der Klemmdruckverteilung 12
   5.1.2.2 Wägung der Faserbündel 12
   5.1.2.3 Variation der Fasermasse 13
   5.2   Zugprüfungen an verschiedenen Materialien 14
   5.2.1 Baumwolle 14
   5.2.1.1 Bündelzugprüfungen bei Einspannlänge 0, $1/8''$ und 10 mm 14
   5.2.1.2 Vergleich der Reißlängen von Einzelfasern, Faserbündeln, Garnen und Zwirnen 16
   5.2.2 Wolle 17
   5.2.2.1 Bündelzugprüfungen bei Einspannlänge 0, $1/8''$ und 10 mm 17
   5.2.2.2 Vergleich der Reißlängen von Einzelfasern, Faserbündeln, Garnen und Zwirnen 17
   5.2.3 Baumwolle–Cuprama 18
   5.2.3.1 Vergleich der Reißlängen von Einzelfasern, Faserbündeln, Garnen und Zwirnen 18
   5.2.4 Der Einfluß der Einspannlänge auf die Reißlänge von gebündelten Reyon-Fäden 19
6. Zusammenfassung 20
7. Danksagung 21
8. Literaturverzeichnis 21

Anhang 24
   a) Tabellen 24
   b) Abbildungen 27

1. Einführung

Eine wesentliche Rolle bei der Beurteilung von Garneigenschaften spielt die Ermittlung der Reißkraft und Reißdehnung sowie des Kraft-Dehnungs-Verhaltens des Fadenmaterials. Während eine Bestimmung dieser Werte bei Garnen und Zwirnen insbesondere durch die Verwendung von modernen automatischen Prüfgeräten relativ problemlos ist, erfordert die gleiche Prüfung an einzelnen Fasern im allgemeinen ein höheres Maß an Geschicklichkeit der prüfenden Person und eine hohe Empfindlichkeit des Prüfgerätes. Auch hier sind in den letzten Jahren von seiten der Prüfgerätehersteller insbesondere durch die Einführung halbautomatischer Klemmensysteme, die ein müheloses Einspannen der Fasern gestatten, erhebliche Fortschritte erzielt worden. Eine Schwierigkeit besteht nach wie vor darin, daß auf der einen Seite wegen der starken Streuung der Einzelwerte insbesondere bei Naturfasern eine große Zahl von Prüfungen durchzuführen ist, auf der anderen Seite eine Vollautomatisierung der Geräte mit tragbarem Aufwand kaum realisierbar sein dürfte.

Für die innerbetriebliche Qualitätskontrolle besteht seit langem die Aufgabe, Verfahren und Geräte zur Zugprüfung von Fasern zu entwickeln, welche die genannten Nachteile der Einzelfaserprüfung vermeiden. In dieser Hinsicht hat es nicht an Versuchen gefehlt, die Methode der Faserbündelprüfung für den gewünschten Zweck einzusetzen. Hierbei werden flache Faserbündel zwischen zwei Klemmen eingespannt und bis zum Bruch gedehnt. Als bekanntestes Gerät kann der Pressley-Tester gelten, der auf dem Baumwollsektor eine weite Verbreitung gefunden hat [1–6]. Ein weiteres, wie der Pressley-Tester mechanisch arbeitendes Prüfgerät ist das Stelometer [3, 7–12], dessen Vorteil unter anderem darin liegt, daß neben Baumwolle auch Fasern mit höherer Reißdehnung geprüft werden können. Weitere in der Literatur beschriebene Geräte sind der Clemson-Tester [3, 6], ferner ein halbautomatisches Gerät der Motion-Control-Inc., bei dem durch eine Messung mit Druckluft eine immer konstante Fasermenge an der Einspannstelle garantiert wird, und das die Durchführung von maximal 350 Prüfungen pro Stunde erlaubt [13, 14], sowie ein ebenfalls automatisiertes, am Stanford-Research-Institute entwickeltes Gerät mit einer Testkapazität von über 200 Proben pro Stunde, das die Bruchkraft, Bruchdehnung und Masse der Meßprobe grafisch auswirft [15]. Màrtha [16] beschreibt eine Bündelreißmaschine, auf welche die ungarische Norm abgestellt ist. Ein mechanisches Meßsystem ermöglicht hier auch die Aufzeichnung der Kraft-Dehnungs-Linien des Fasermaterials. Ebenfalls zur Ermittlung der Kraft-Dehnungs-Eigenschaften von Faserbündeln wurde von verschiedenen Autoren [1, 3, 10] ein mit Klemmen des Pressley-Typs ausgerüstetes statisches Zugprüfgerät Stehastat der Firma Textechno eingesetzt. Die Kraftmessung erfolgt hier in Verbindung mit einer elektronisch arbeitenden Kraftmeßeinrichtung. Nach dem gleichen Prinzip arbeitet auch ein von Walz und Bröckel entwickeltes Gerät [17].

Eine Reihe von Arbeiten beschäftigt sich mit den theoretischen Grundlagen der Zugbeanspruchung eines Kollektivs textiler Fasern oder Fäden [18–22]. Grundsätzliche Schwierigkeiten bei derartigen theoretischen Deutungen der Vorgänge entstehen dadurch, daß nicht alle Elemente des Kollektivs dieselbe Reißdehnung aufweisen [1]. Die Reißkraft des Bündels ist daher nicht gleich der Summe aller Einzelfaserreißkräfte, sondern – bei der Bündelprüfung mit Einspannlänge – kleiner als diese. Für die Abnahme der Festigkeit von Baumwollfasern mit zunehmender Einspannlänge macht Iyer [23] Schwachstellen an Strukturumkehrpunkten in der Faser verantwortlich, die insbesondere bei Einspannlängen um 10 mm maßgebend sind. Allgemein folgt WINKLER [18] aus der Weibullschen Theorie für die Bündelprüfung von Fasern und Fäden, daß bei verschiedenen Einspannlängen gleiche Festigkeiten nur dann zu erwarten sind, wenn das Produkt aus der Anzahl der Fasern bzw. Fäden und der Einspannlänge konstant ist.

Auf große Schwierigkeiten stößt der Versuch, aus der KD-Linie des Bündels die mittlere Reißkraft und Reißdehnung, wie sie bei der Einzelfaserprüfung anfällt, zu bestimmen. Praktisch anwendbare Rechenmethoden lassen sich nur in Form von Näherungsverfahren finden, die bestimmte vereinfachende Voraussetzungen erfordern [20]. Klarere Verhältnisse als bei der Faserbündelprüfung sind bei der gleichzeitigen Zugprüfung an mehreren parallel eingespannten Fäden gegeben. Ein für derartige Zwecke eingesetztes Gerät ist das sogenannte Harfenreißgerät von Schumacher [1, 24]. Nach WILHELM und REINSHAGEN [25] wird die Scheitelkraft der KD-Linie einer Fadenharfe in erster Linie vom Variationskoeffizient der Reißdehnungen der Einzelfäden bestimmt. Der Variationskoeffizient der Reißkraft nimmt dagegen einen geringeren Einfluß. Große praktische Bedeutung hat die zum Scheitelpunkt der Kurve gehörige Dehnung, die im wesentlichen den Bruch der ersten 5 bis 10 (von 200) Fäden in der Harfe markiert, und die damit ein Maß für das Auftreten von »Ausreißern« ist. Von Schumacher werden für die Harfenreißprüfung Kennzahlen für Kraft und Dehnung vorgeschlagen, die auf der Bestimmung von Meßwerten beim Reißen von 5, 10 und 90% der eingespannten Fäden beruhen. Ein derartiges Verfahren ist natürlich für die Faserbündelprüfung nicht realisierbar.

Verschiedene Publikationen zum Thema Bündelprüfung betreffen die Frage der Meßfehler. Insbesondere beim Pressley-Tester treten vom Gerät her verfälschende Einflüsse auf. Diese beruhen nach FLEISCHLE [2] darauf, daß der Belastungswagen beim Abrollen auf der Laufschiene im Augenblick des Faserbündelbruches nicht sofort gestoppt wird. Der Flug- und der Bremsweg des Wagens sind zwangsläufig um so größer, je höher die Reißkraft des Bündels ist. Das Stelometer, bei dem sich der Belastungsvorgang gegenüber dem Pressley-Tester wesentlich langsamer abspielt, liegt bei etwa 12–16% kleineren Kraftwerten [7, 8, 26]. LAWSON [8] schreibt diese Differenz zur Hälfte dem oben genannten Überschießen des Belastungswagens und zur Hälfte der höheren Belastungsgeschwindigkeit beim Pressley-Tester zu. In Übereinstimmung damit steht die Angabe von BURLEY und CARPENTER [26], nach der die Zugfestigkeit eine lineare Funktion des Logarithmus der Belastungsgeschwindigkeit ist. Zu den vom eigentlichen Prüfgerät herrührenden Fehlern kommen die durch das Herauswandern der Fasern während der Prüfung aus den Klemmen verursachten Verfälschungen [27], die wiederum vom Zustand der Klemmenleder abhängen. Fehler entstehen weiterhin durch die Probenvorbereitung, wenn die einzelnen Fasern im Bündel nicht vollständig parallelisiert und möglicherweise schräg und unter verschiedener Vorspannung in die Klemmen eingebracht werden [5, 12, 28]. Als Merkmal für solche persönlichen Einflußfaktoren wertet LANGER [29] den Variationskoeffizienten aus 5 Reißungen sowie einen Korrekturfaktor, der aus dem Sollwert und dem Istwert der Laborantin errechnet wird. Untersuchungen unter verschiedenen klimatischen Bedingungen führte DEWISCHEIT [30] an Baumwollfasern durch. Eine Erhöhung der Luftfeuchtigkeit äußerte sich dabei in einer Festigkeitszunahme des Faserbündels.

Die beschriebenen Fehlermöglichkeiten machen es verständlich, daß seit jeher der Wunsch bestand, die Faserbündelprüfung, und hier insbesondere die Baumwollprüfung mit dem Pressley-Tester, so zu gestalten, daß verschiedene Prüfstellen für gleiche Fasersorten zumindest annähernd übereinstimmende Ergebnisse finden. Zu diesem Zweck werden in den einzelnen Laboratorien Eichbaumwollen bei der Pressley-Prüfung eingesetzt [2, 7, 31, 32]. Parallelprüfungen mit diesen Teststandards bekannter Festigkeit zu allen Pressley-Tests sollen es ermöglichen, die Einflüsse von Prüfgerät und Bedienungspersonal zu eliminieren. Nach LANGER [29] ist eine gute Reproduzierbarkeit von Pressley-Tests auch bei Verwendung von Eichbaumwollen nur dann zu erwarten, wenn eine Übereinstimmung der »Längenfestigkeits-Charakteristiken« des Prüfmusters und der Eichbaumwolle besteht. Eine Kontrollmöglichkeit für alle Laboratorien, die sich mit Pressley-Tests befassen, bietet sich durch die von der Bremer Baumwollbörse organisierten Rundtests [3, 33]. Bei diesen monatlich stattfindenden Rundversuchen werden die Prüfergebnisse von mehr als 90 Laboratorien zusammengestellt, so daß jedem Teilnehmer Gelegenheit gegeben ist, eventuelle Abweichungen der eigenen Werte von der Gesamtheit zu erkennen.

Ebenfalls auf die Beseitigung von Fehlermöglichkeiten bei der Faserbündelprüfung zielt die Entwicklung einer Bündelvorbereitungsmaschine von BLANKENBURG, PHILIPPEN und SPIEGELMACHER [12]. Mit diesem Gerät kann das Faserbündel ausgekämmt und in die Klemmen eingebracht werden, ohne daß die Bedienungsperson mit dem Fasermaterial direkt in Kontakt kommt.

Zahlreiche Arbeiten in der Literatur beschäftigen sich mit der Beziehung zwischen der Reißkraft und Reißdehnung von Einzelfasern, Faserbündeln, Garnen und Geweben [3, 6, 7, 15, 26, 34–41]. Zweifellos ist der Zusammenhang zwischen Faser- und Garneigenschaften sehr komplex [42]. So geht nach BOGDAN [43, 44] in die Garnfestigkeit sehr stark der Anteil an Kurzfasern ein, der ein Absinken der Reißkraft bewirkt, während der Anteil an langen Fasern einen geringeren Einfluß nimmt. Wichtig ist die Größe der Faserreißdehnung [41], und hier insbesondere deren Streuung [36]. Von DU BOIS [45] wird einleuchtend gezeigt, daß eine positive Korrelation zwischen Faser- und Garneigenschaften nur dann zu erwarten ist, wenn zwischen den einzelnen untersuchten Fasermustern große Unterschiede bestehen. Trotz dieser Einschränkung finden mehrere Autoren [7, 35, 37, 38] eine gute Übereinstimmung der Tendenzen von Faserbündelprüfungen und Reißkraftmessungen an Garnen, wobei übereinstimmend festgestellt wird, daß das Arbeiten mit Einspannlänge $1/8''$ beim Faserbündel gegenüber der Einspannlänge 0 eine zuverlässigere Aussage vermittelt. Diese Ergebnisse gelten für Messungen mit dem Pressley-Tester an Baumwolle. Wollfasern lassen sich mit dem Pressley-Tester wegen ihrer hohen Reißdehnung nicht prüfen. Von MAILLARD, AMOUROUX und SUGIER [46] wurde daher der Vorschlag gemacht, das Wollfaserbündel vor dem Einbringen in die Pressley-Klemmen bereits um 30% vorzudehnen. Keine Schwierigkeiten bereitet – wie bereits eingangs erwähnt – die Prüfung von Wollfasern auf dem Stelometer, das höhere Reißdehnungen zuläßt [9]. VAN DE RIET [47] findet, daß die Bruchdehnung von Fasern und den daraus hergestellten Garnen um so höher liegt, je kleiner der Unterschied der Pressley-Werte bei Einspannlänge 0 und $1/8''$ ist. Weiterhin weisen LÜNENSCHLOSS und HUMMEL [48] nach, daß das Verhältnis dieser Werte von der Baumwollsorte abhängt, und daß sich so eine Möglichkeit ergibt, mit Pressley-Tests einen Nachweis der Faserart zu führen. Obwohl Prüfungen bei $1/8''$ Einspannlänge eine höhere Streuung der Meßwerte mit sich bringen [49], bietet dieses Verfahren doch zwei wesentliche Vorteile. Dies ist einmal die erwähnte bessere Korrelation zur Garn-Reißkraft und zum anderen die Verringerung des Einflusses, der durch den Schlupf der Fasern in der Klemme hervorgerufen wird [21]. Insbesondere im Hinblick auf den letzteren Gesichtspunkt sollte das Prüfverfahren mit Einspannlänge in stärkerem Maße Verwendung finden, wobei auch Einspannlängen von 10 mm und mehr ins Auge zu fassen sind, sofern Prüfgerät und Stapellänge des Fasermaterials dies zulassen.

2. Aufgabenstellung

Ziel der vorliegenden Untersuchung war es, die Ergebnisse von Reißprüfungen an Einzelfasern und Faserbündeln, sowie an – aus den jeweils gleichen Fasermaterialien hergestellten – Gespinsten und Zwirnen vergleichend gegenüberzustellen. Dabei sollten die Bündelprüfungen unter Verwendung verschiedener Geräte und mit unterschiedlichen Einspannlängen durchgeführt werden.
Für diese Aufgabe standen mehrere Baumwollen, zwei Wollfasertypen unterschiedlicher Färbung sowie Baumwoll- und Cupramamaterialien bzw. Mischungen aus diesen beiden zur Verfügung. Neben der Ermittlung der Relation zwischen den Eigenschaften der Fasern und Fäden interessierte weiterhin der Einfluß eventueller Faserschädigungen bzw. -veränderungen auf dem Wege von der Faserflocke zum Kämmband (Baumwolle), die Auswirkung unterschiedlicher Farbtontiefen (Wolle) und das Zusammenwirken verschiedener Kraft-Dehnungs-Charakteristiken, wie es in Mischungen aus Baumwoll- und Cupramafasern gegeben ist.
Die bekannten mechanisch arbeitenden Faserbündel-Prüfgeräte liefern ausschließlich Werte für die Reißkraft und zum Teil auch für die Reißdehnung. Um darüber hinaus die KD-Linie eines Faserbündels aufzeichnen zu können, bestand die Aufgabe, ein spezielles Prüfgerät mit elektronischer Kraft- und Dehnungsmessung aufzubauen (ITM-Bündelprüfer). Ein weiteres Gerät für die Faserbündelprüfung mit elektronischer Kraftmessung auf der Basis eines Zugprüfers für Einzelfasern (Fafegraph) wurde vom Hersteller dieses Gerätes bereitgestellt.
Ein grundsätzlicher Vorteil der Verwendung elektronischer Meßeinrichtungen besteht darin, daß sich die bei mechanischen Bündelprüfern unvermeidbaren Gerätefehler ausschalten lassen. Nach wie vor problematisch ist dagegen die Klemmung eines Faserbündels in den Bündelklemmen. Vor Beginn der eigentlichen vergleichenden Messung ergab sich daher die Notwendigkeit festzustellen, mit welchen Verfälschungen hier gerechnet werden muß.
Die Durchführung sämtlicher Bündelzugversuche an Wolle und Baumwolle mit Ausnahme derjenigen an dem ITM-Bündelprüfer lagen in Händen des Laboratoriums der Bremer Baumwollbörse unter der Leitung von Herrn Dipl.-Ing. F. HADWICH.

3. Geräte und Materialien

Als rein mechanisch arbeitende Geräte standen für die Bündelprüfung der Pressley-Tester sowie das Stelometer zur Verfügung. Die im ITM entwickelte Meßanlage ist in Abb. 1 wiedergegeben. Sie besteht im wesentlichen aus einem Abzugsmechanismus mit den Klemmenhalterungen, einem Piezo-Kraftaufnehmer mit angeschlossenem Ladungsverstärker, sowie einem induktiven Weggeber mit Meßbrücke und einem Zwei-Komponenten-Schreiber. Es sind die Einspannlängen 0, $^1/_8''$, 10, 20 und 50 mm einstellbar. Das Gerät arbeitet nach dem Prinzip der konstanten Verformungsgeschwindigkeit. Daraus wäre theoretisch zu folgern, daß eine Prüfung mit Einspannlänge 0 in unendlich kurzer Zeit ablaufen würde. In der Praxis ist dies jedoch nicht der Fall, da die Fasern bei der Anspannung etwas aus der Klemme heraustreten und sich somit auch bei Einspannlänge 0 ein im Verlauf der Prüfung geringfügig zunehmender Abstand zwischen den beiden Klemmen ausbildet. Hinzu kommt, daß unter der Wirkung der Zugkräfte elastische Deformationen des Meßgliedes, der Klemmenhalterungen und des Abzugsmechanismus eintreten. Diese Deformationen verbieten es auch, bei Prüfungen mit Einspannlänge die Dehnung des Prüfgutes gleich dem Weg der Abzugsklemme zu setzen. Aus diesem Grunde wurde zur exakten Erfassung der Dehnung zwischen Meß- und Abzugsklemme der bereits genannte induktive Weggeber angeordnet. Die Ausgangsspannungen beider Meßeinrichtungen liegen an der X- bzw. Y-Koordinate des Zwei-Komponenten-Schreibers, der die KD-Linie aufzeichnet. Die Geschwindigkeit der Abzugsklemme läßt sich mit einem Wechselradgetriebe so abstufen, daß im allgemeinen auch bei einer Einspannlänge 0 eine Reißdauer von ca. 20 Sek. eingestellt werden kann. Nur für Baumwollfasern lag selbst im Fall der kleinstmöglichen Geschwindigkeit die Reißdauer bei nur ca. 5 Sekunden.

Wahlweise kann der ITM-Bündelprüfer auch mit konstanter Belastungsgeschwindigkeit arbeiten. In diesem Fall ist zwischen Abzugsmechanismus und Abzugsklemme ein Federglied eingeschaltet, das während der Prüfung zunehmend gespannt wird und dadurch eine linear ansteigende Zugkraft auf die Klemme bzw. das Faserbündel ausübt. Das Verfahren wurde im Rahmen dieser Untersuchungen nicht angewendet.

Die Abb. 2 und 3 zeigen den Fafegraph als Einzelfaserprüfgerät sowie die Prüfstrecke des Fafegraph nach dem Auswechseln der Einzelfaserklemmen gegen Bündelklemmenhalter. Wie bei dem ITM-Bündelprüfer finden auch hier Pressley-Klemmen Verwendung. Der Fafegraph arbeitet ebenfalls mit konstanter Geschwindigkeit der Abzugsklemme, während die Kraftmessung an der Meßklemme über eine induktive Meßeinrichtung erfolgt. Da eine Kompensation der Deformationen im Gerät durch eine separate Dehnungsmessung nicht vorgesehen ist, muß die Größe der Verformung bestimmt werden. Der Fafegraph besitzt eine in weiten Grenzen stufenlos regelbare Abzugsgeschwindigkeit, die auch bei Einspannlänge 0 für sämtliche hier eingesetzten Materialien eine Reißzeit von 20 Sekunden zuläßt.

Alle Einzelfaserprüfungen wurden ebenfalls mit einem Fafegraph vorgenommen.

Für die Reißprüfungen an den Baumwollgarnen und -zwirnen fand ein »Uster-Dynamometer« Verwendung. Die übrigen Materialien (Wolle, Baumwolle/Cuprama) wurden mit einem Zugprüfgerät Typ Statimat überprüft.

Bei den Baumwollmaterialien handelte es sich um 5 verschiedene Provenienzen, wobei die Faserproben jeweils dem Wickel vor der Karde bzw. dem Ballen entnommen waren. Außerdem lagen vier dieser Baumwollen als Kämmband vor. Die Daten der Fasern und daraus hergestellten Garne und Zwirne sind in Tab. 1 wiedergegeben.

Zwischen den mittleren Faserlängen von Guiza-W, Menoufi-B und Sudan-W besteht eine gute Übereinstimmung, während Sudan-B demgegenüber etwas abfällt. Die jeweils höheren Werte des Kämmbandes und der kleinere Variationskoeffizient sowie der geringere Kurzfaseranteil dürften durch die bessere Parallelisierung der Fasern und den Auskämmprozeß bedingt sein.

Weiterhin lagen rohweiße Kammzüge von zwei Wollpartien, eine Reihe von unterschiedlich gefärbten Kammzügen dieser beiden Wollmuster und daraus hergestellte Gespinste und Zwirne vor (vgl. Tab. 2). Die Kennzahlen entstammen dem Produktionsprozeß.

Die rohweiße Wolle Nr. 310 hat demnach einen etwas größeren Mittelstapel als die Wolle Nr. 220. Allerdings bestehen auch zwischen den unterschiedlich gefärbten Kammzügen und dem rohweißen Kammzug jeder Partie Differenzen, die kaum dem Färbeprozeß zuzuordnen sein dürften. Die Mischungsverhältnisse bei den Baumwolle/Cuprama-Mischfasern betrugen 67/33 und 33/67. Außerdem waren die beiden Faserkomponenten auch in reiner Form vorhanden. Faser- und Garn- bzw. Zwirndaten gehen aus Tab. 3 hervor.

4. Prüfmethoden

4.1 Bündelprüfung

Die Faserbündelvorbereitung erfolgte in der beim Pressley-Test üblichen Weise. Bei den Untersuchungen mit dem Pressley-Tester, dem Stelometer und dem Fafegraph wurden an allen Materialien für jede Einspannlänge von zwei Laborantinnen an drei Tagen jeweils 10 Einzelmessungen durchgeführt. Dies entspricht einer Gesamtzahl von 60 Messungen je Fasermuster, Einspannlänge und Gerät. Die Zahl der Prüfungen für jede Einspannlänge und jedes Fasermuster mit dem ITM-Bündelprüfer betrug 30.
Bei Pressley-Tester und Stelometer wurde jeweils ohne und mit ⅛" Einspannlänge, bei Fafegraph und ITM-Bündelprüfer zusätzlich mit 10 mm Einspannlänge gearbeitet. Ein Versuch mit dem ITM-Bündelprüfer an gebündelten Reyongarnen, der speziell den Einfluß verschiedener Einspannlängen zeigen sollte, schloß außerdem die Einspannlängen 20 und 50 mm ein.
Die Reißkraftwerte lassen sich beim Pressley-Tester und beim Stelometer an einer Skala ablesen. Das Stelometer liefert außerdem einen Wert für die Dehnung des Fasermaterials. Reißkraft und Reißdehnung werden bei den elektronisch arbeitenden Geräten aus der KD-Linie ermittelt. Dazu ist eine Eichung der Kraftmaßstäbe durch Anhängen von Gewichten, bei dem ITM-Bündelprüfer auch der Dehnung mit einer Meßuhr, erforderlich. Als Reißdehnung wurde jeweils der Wert bestimmt, der dem Kulminationspunkt der Kurve entspricht. Beim Fafegraph ergibt sich – wie erwähnt – insofern ein Fehler, als die Dehnung nicht exakt dem Weg der Abzugsklemme bzw. dem diesem proportionalen Diagrammpapiervorschub entspricht. Der Fehler läßt sich abschätzen, wenn ein Stahlband ausreichender Stärke, dessen Deformation selbst vernachlässigbar ist, in die Klemmen eingespannt und der Abzugsmechanismus eingeschaltet wird. Der nahezu geradlinige Kurvenverlauf am Schreiber entspricht den elastischen Verformungen im Gerät. Wird diese Linie als Korrekturgröße benutzt und so in die Diagramme eingetragen, daß die Korrekturlinie am gleichen Punkt wie die jeweilige KD-Linie beginnt, so läßt sich die Reißdehnung direkt als der horizontale Abstand zwischen dem Kulminationspunkt der KD-Linie und der Korrekturlinie bestimmen. Der gleiche Versuch mit einem Stahlband ergab auch bei dem ITM-Bündelprüfer trotz der separaten Dehnungsmessung eine – allerdings geringe – Neigung der aufgezeichneten Linie gegenüber der Kraftachse. Daher wurde bei den Versuchen mit diesem Gerät ebenfalls eine entsprechende Korrektur vorgenommen. In den folgenden Abschnitten wird die Reißfestigkeit des Faserbündels in Reißkilometer (Rkm) angegeben. Die Rkm-Werte lassen sich in Reißkraft (kp)/Faserbündelgewicht (mg) oder den bei der Pressley-Prüfung üblicherweise verwendeten Pressley-Index (P.I. = Reißkraft in lbs./Gewicht in mg) bzw. den p.s.i.-Wert (= Reißkraft in lbs./Querschnitt des Faserbündels in inch^2) umrechnen:

Rkm = (kp/mg) · (Einspannlänge + Klemmenbreite)*
P.I. = lbs/mg = 0,4536 kp/mg
p.s.i. = P.I. · 10 800 — 120

---

* Einspannlänge + Klemmenbreite: 11,79 mm (Einspannlänge 0)
14,96 mm (Einspannlänge ⅛")
21,79 mm (Einspannlänge 10 mm)

4.2 Einzelfaserprüfung

Eine exakte Ermittlung des Variationskoeffizienten der Reißlänge von Einzelfasern macht es erforderlich, den Titer jeder einzelnen dem Zugprüfgerät vorgelegten Faser zu bestimmen. Wegen der damit verbundenen Schwierigkeiten beschränkten sich die Messungen an den verschiedenen Baumwollen sowie an den Baumwolle/Cuprama-Partien auf die Feststellung der Feinheitsmittelwerte durch Schneiden und Wiegen. Dazu wurde ein Faserbündel, das wenig mehr als die erforderliche Anzahl von Fasern enthielt, mit einem Stapelschneider auf eine Länge von 20 mm geschnitten und gewogen. Der in Verbindung mit der Faseranzahl im Bündel gefundene mittlere Titer wurde allen für die Zugprüfung aus dem Bündel entnommenen Fasern zugeordnet. Die Zahl der Prüfungen zu jeder Faserpartie betrug $N = 500$.

Bei den Wollmaterialien wurde der mittlere Durchmesser aller zu prüfenden Fasern mikroskopisch bestimmt. Die Zahl der Prüfungen betrug je Faserpartie $N = 50$.

4.3 Prüfung an Garnen und Zwirnen

Von jeder der vier Baumwollpartien Guiza-W, Menoufi-B, Sudan-W und Sudan-B standen 10 Flyerspulen zur Verfügung, welche in vier Abzügen zu insgesamt jeweils 40 Cops versponnen wurden. Weiterhin wurden von 10 Spinncops jeder Partie im Anschluß an die Prüfungen der Garne 5 Zwirncops hergestellt. Von allen Wollpartien mit Ausnahme der rohweißen sowie von den Baumwoll-, Cuprama- und Baumwolle/Cuprama-Partien lagen je 10 Spinncops vor. Auch hier wurden pro Partie 5 Zwirne angefertigt. Die Zahl der Zugprüfungen je Cop war so gewählt, daß auf jede Garn- und Zwirnpartie insgesamt 400 Prüfungen entfielen.

5. Durchgeführte Untersuchungen

5.1 Voruntersuchungen zur Bündelprüfung

5.1.1 Meßfehler beim Pressley-Test

Wie bereits einleitend erwähnt, ergeben sich beim Arbeiten mit dem Pressley-Tester vom Prüfgerät verursachte Meßfehler. Bekanntlich ist der Pressley-Tester so aufgebaut, daß die Belastung des Faserbündels über ein auf einer Laufschiene gleitendes Gewicht erfolgt. Tritt der Bruch des Bündels ein, so kippt die Laufschiene ab und das gleitende Gewicht wird durch die Berührung mit dem Boden bzw. der unter der Laufschiene angeordneten Bremsleiste gestoppt. Tatsächlich kann der Belastungswagen nicht in unendlich kurzer Zeit abgebremst werden. Vielmehr beschreibt er beim Herunterfallen der Laufschiene einen Weg in Form einer Wurfparabel. Zusätzlich springt er, nachdem die erste Berührung mit der Unterlage erfolgt ist, noch um einen bestimmten Betrag in Laufrichtung weiter, ehe er vollständig zum Stillstand kommt. Da die Stellung des Belastungswagens auf der Laufschiene das Maß für die Reißkraft ist, wird – wie bereits im Abschnitt 1 kurz erläutert – immer ein zu hoher Reißkraftwert gemessen. Der Differenzbetrag entspricht gerade dem Weg, den der Wagen nach dem Eintritt des Bruches bzw. dem ersten Absinken der Laufschiene noch zurücklegt.

Um diesen Betrag exakt erfassen zu können, wurde der Weg des mit einem Zeiger markierten Belastungswagens (Abb. 4) fotografisch aufgezeichnet. Bei geöffneter Blende des Fotoapparates erfolgte die Beleuchtung mit einem Lichtblitzstroboskop und einer Blitzfrequenz von 9000/min. Ein Foto, auf dem der Weg der weiß markierten Zeigerspitze vor dunklem Hintergrund sichtbar ist, zeigt Abb. 5. Die Blitzfrequenz bestimmt hier die Auflösung der Messung. Die Auswertung der Aufnahmen ergab, daß die mit dem Pressley-Tester ermittelten Reißkräfte durch die verzögerte Abbremsung des Belastungswagens um 0,8 bis 1,2 lbs. zu höheren Werten hin verschoben werden.

5.1.2 Überprüfung der Pressley-Bündelklemmen

5.1.2.1 Messung der Klemmdruckverteilung

Die in den Pressley-Bündelklemmen eingeklebten Leder verschleißen mit zunehmender Zahl der Prüfungen derart, daß eine gleichmäßige Klemmung des Faserbündels über die ganze Klemmenbreite nicht mehr gewährleistet ist. Ein Verschleiß bzw. ein übermäßiges Zusammendrücken der Leder läßt sich insbesondere in Klemmenmitte beobachten. Nach HADWICH eignen sich zur Überprüfung der Verteilung der Klemmkräfte strukturierte, d. h. fein gewellte oder gekörnte Stanniolfolien, wie sie beispielsweise zur Verpackung von Zigaretten Verwendung finden. Wird ein auf die Klemmenbreite zugeschnittenes Stück einer solchen Folie in das Klemmenpaar eingespannt und anschließend wieder herausgenommen, so zeigt sich deutlich, an welchen Stellen die volle Klemmkraft wirkt, d. h. wo die Strukturierung der Folie flachgedrückt wird, und wo die Klemmkraft gering ist.

Abb. 6 bringt die Reißkraftwerte von 100 Einzelversuchen mit dem ITM-Bündelprüfer an Baumwollfasern (Einspannlänge 0), die über der Versuchsnummer aufgetragen sind. Zu Beginn der Serie waren frische Leder in die Klemmen eingeklebt worden. Wie aus dem Diagramm hervorgeht, liegen die Werte am Ende der Serie im Mittel etwa auf gleicher Höhe wie zu Beginn, obwohl der Stanniolfolien-Test nach dem einhundertsten Versuch bereits verschiedene Kräfte in Klemmenmitte und am Rand ergab. Es muß daher festgestellt werden, daß derartige leichte Veränderungen des Abdruckes nicht unbedingt auf eine Beeinträchtigung des Klemmvermögens hindeuten.

5.1.2.2 Wägung der Faserbündel

Wird von der Annahme ausgegangen, daß Verfälschungen bei Bündelprüfungen infolge eines Durchrutschens des Faserbündels in der Klemme entstehen, so müßte sich dies gleichzeitig in einer Veränderung der Fasermassen innerhalb der Klemmen sowie zwischen ihnen äußern. Beim Arbeiten mit Einspannlänge 0 läßt sich nach einem Vorschlag von BLANKENBURG ein solcher Vorgang dadurch überprüfen, daß die Klemmen nach der Reißung geöffnet und die Bündelhälften gewogen werden. Bei Prüfungen mit Einspannlänge ist entsprechend der verbliebene Faserbart an der Innenseite jeder Klemme mit einem Messer glatt abzuscheren. Hier ergibt die Wägung die Verteilung der Fasermasse auf die beiden Klemmen und das Mittelstück. Tritt nun ein Durchrutschen des Bündels in der einen oder anderen Klemme auf, so führt dies zu einem entsprechenden Gewichtsverlust des Bündelrestes in dieser Klemme bzw. bei einer Prüfung mit Einspannlänge zu einem Schwererwerden des Mittelteils. Für den letzteren Fall mit Einspannlänge läßt sich eine praktische Bezugsgröße dadurch schaffen, daß ein Faserbündel in der üblichen Weise in die Klemmen eingebracht, dann aber ohne Reißung in der angegebenen Weise in drei Teile zerlegt wird.

Die beschriebenen Messungen wurden in den vorliegenden Untersuchungen ausschließlich bei einer Einspannlänge von 10 mm durchgeführt. Hierbei ergibt sich unter Berücksichtigung der Dicke jeder Klemme ein theoretischer Fasermassenanteil von ca. 27% in jeder einzelnen Klemme und 46% zwischen den Klemmen.

Die Ergebnisse von Messungen an Wollfasern sind in Tab. 4 wiedergegeben. Wegen der geringen Substanzfestigkeit von Wolle gegenüber Baumwolle lag die Bündelfestigkeit bei nur ca. 2–3 kg. Die Versuche wurden sowohl mit als auch ohne Reißen des Bündels vorgenommen. Im ersteren Fall kam dabei der ITM-Bündelprüfer zum Einsatz. Der Anpreßdruck der Klemmbacken, der sich mit der bekannten Faserbündel-Einspannvorrichtung des Pressley-Testers einstellen läßt, besaß in den Versuchen an Wolle eine mittlere Größe. Der in der Tabelle angegebene Wert von 10,3 (cm · kp) gilt für das Drehmoment, mit dem die Vierkantschraube der Klemme angezogen wurde. Aus den Versuchsergebnissen zeigt sich, daß in beiden Versuchsreihen die theoretischen Werte trotz einer gewissen Streuung in guter Näherung erreicht werden. Dies bedeutet, daß während der Prüfung offenbar kein irreversibles Heraustreten der Fasern aus den Klemmen erfolgte.

Entsprechende Versuche an Polyesterfaserbündeln, die eine mittlere Reißkraft von ca. 8 kp besaßen, sind in der Tab. 5 wiedergegeben. Im Gegensatz zur Wolle liegen die Gewichte der Bündelreste in den Klemmen unter, das Gewicht des Mittelstückes dagegen über dem Sollwert. Eine Verringerung des Klemmenanpreßdruckes beeinflußt die Verteilung der Fasermasse praktisch nicht.

5.1.2.3 Variation der Fasermasse

Bekanntlich ist beim Pressley-Tester wie beim Stelometer ein bestimmter Kraftbereich vorgegeben, in den ein Meßwert entfallen muß, damit nicht apparative Einflüsse das Meßergebnis zu stark verändern. Aus diesem Grund kann die Fasermenge in den Klemmen von Versuch zu Versuch und vor allem von einer zur anderen Faserprovenienz in gewissen Grenzen schwanken. Die Frage liegt nahe, wieweit eine höhere Füllmenge ein Herausrutschen der Fasern aus den Klemmen begünstigt und so die Reißkraft verändert. In zwei Versuchsserien mit Baumwoll- und Wollfasern wurden die Fasermengen schrittweise gesteigert und die Reißkräfte bestimmt. Prüfgerät war wieder der ITM-Bündelprüfer bei Einspannlänge 0. Die Abb. 7 und 8 zeigen den Verlauf der Reißkraftwerte aufgetragen über dem Fasergewicht in den Klemmen für beide Fasermaterialien. Bei Baumwolle steigen die Reißkraftwerte anfänglich linear und ohne große Streuung mit der Fasermenge an. Zwischen 2 und 3 mg, in einem Bereich also, der beim Pressley-Test durchaus noch vorkommen kann, weichen die Werte bereits etwas von der linearen Charakteristik ab. Oberhalb von 3 mg ist die Streuung relativ stark. Außerdem liegen die Punkte hier deutlich unterhalb der Geraden. Im Fall der Wolle werden gleiche Reißkräfte wie bei Baumwolle erst mit relativ großen Fasermengen erreicht. Trotzdem kommen die Meßwerte der Geraden noch näher als bei der Baumwolle.

In beiden Abbildungen sind die Diagramme der Kraft in Abhängigkeit vom Klemmenabstand schematisch eingezeichnet. Im Idealfall wäre zu erwarten, daß das Kraft-Dehnungs-Diagramm zu einer Geraden entartet, die mit der Kraftachse zusammenfällt. Wegen des Herauswanderns der Fasern aus den Klemmen im Verlauf der Prüfung wird die Reißkraft jedoch – wie das Diagramm zeigt – erst nach Eintreten eines gewissen Klemmenabstandes D erreicht.

Die Abb. 9 und 10 zeigen, wie D mit zunehmender Klemmenfüllung ebenfalls ansteigt. Während bei der Baumwolle D eine Größe von mindestens $1/10$ mm besitzt und bei hohen Bündelgewichten bis fast $3/10$ mm anwächst, liegen die vergleichbaren Werte für Wolle etwa um den Faktor 4 höher.

Hinzu kommt, daß der Klemmenabstand beim endgültigen Bruch, d. h. am Ende der Linie, wesentlich größer als D ist. Die letzten Fasern im Bündel reißen also bei Klemmenabständen, die etwa das Zwei- bis Dreifache von D betragen.

Als Ergebnis dieser Messungen sollte festgehalten werden, daß der Einfluß unterschiedlicher Fasermengen in den Klemmen auf die Reißkraft bei der Bündelprüfung verhältnismäßig klein ist, sofern mit »normalen«, d. h. nicht zu hohen Füllmengen gearbeitet wird und stets dasselbe Klemmenpaar Verwendung findet. Wesentlich größer ist der Einfluß auf die Werte des Klemmenabstandes bei Erreichen der Reißkraft. Hierdurch entsteht eine Verfälschung der Reißdehnungswerte bei Bündelprüfungen mit Einspannlänge, die sich wieder um so gravierender auswirken, je kleiner die Einspannlänge ist.

5.2 Zugprüfungen an verschiedenen Materialien

5.2.1 Baumwolle

In Abb. 11 werden einige mit dem ITM-Bündelprüfer aufgenommene Original-KD-Linien von Guiza-W-Baumwollfaserbündeln bei $1/8''$ Einspannlänge wiedergegeben. Die strichlierte Linie gilt für den Versuch mit starrer Verbindung zwischen den beiden Klemmen. Die relativ starke Streuung der Kurven bzw. der Reißkraftwerte rührt vor allem von der nicht immer gleichen Fasermenge in den Klemmen her. Daher ist die Streuung der entsprechenden Reißlängenwerte wesentlich kleiner.

5.2.1.1 Bündelzugprüfungen bei Einspannlänge 0, $1/8''$ und 10 mm

Abb. 12 zeigt die Reißlängen von Faserbündeln bei Einspannlänge 0, aufgetragen über den verschiedenen Fasermaterialien. Alle Meßpunkte eines Gerätes sind durch Linien verbunden. Wie erwähnt, stammen die Prüfungen mit Pressley-Tester, Stelometer und Fafegraph aus dem Laboratorium der Bremer Baumwollbörse, während die Messungen mit dem ITM-Bündelprüfer an den Kammbändern im Institut für textile Meßtechnik durchgeführt wurden. Dies bedeutet, daß die Meßwerte für die ersten 3 Geräte von denselben beiden Laborantinnen gefunden wurden, während die Werte des 4. Gerätes auf zwei andere Laborantinnen zurückgehen.

Die beiden vom Prüfprinzip her durchaus vergleichbaren Geräte, nämlich der ITM-Bündelprüfer und der Fafegraph, liefern Werte, die absolut sehr unterschiedlich sind. Dagegen bestehen in beiden Fällen nahezu übereinstimmende Tendenzen. Wird vorausgesetzt, daß die elektronische Kraftmessung am genauesten ist, d. h., daß Gerätefehler von vornherein auszuschalten sind, dann lassen sich diese voneinander abweichenden Ergebnisse darauf zurückführen, daß entweder die verwendeten Klemmen oder die Arbeitsweisen der Laborantinnen sich stark voneinander unterschieden.

Für die Messungen an Stelometer, Pressley-Tester und Fafegraph wurde dasselbe Klemmenpaar eingesetzt. Dieses sollte auch für die Messungen am ITM-Bündelprüfer Verwendung finden. Leider entstand während der Messungen ein Defekt an den Klemmen, so daß diese Versuche mit einem neuen Klemmenpaar wiederholt werden mußten, das nun seinerseits eindeutig höhere Reißkraftwerte lieferte. Daraufhin wurde festgestellt, daß das zuerst benutzte Klemmenpaar eine kleine, kaum wahrnehmbare Scharte am Übergang zwischen den beiden Klemmen besaß, die wahrscheinlich eine gewisse Kerbwirkung auf die Fasern ausübte und damit die geringeren Werte verschuldete. Solche Scharten sind nicht ungewöhnlich und können bereits bei fabrikneuen Klemmen vorkommen, wenn auch im allgemeinen weniger ausgeprägt. Zwangsläufig ist der Effekt bei Einspannlänge 0 weitaus am größten, wie auch aus dem Vergleich mit den folgenden Bildern hervorgeht. Wenn ein derartiger Unterschied zwischen verschiedenen Klemmen auch als extrem anzusehen ist, so beweist dies doch, wie sehr es bei der Bündelprüfung auf die Klemmen ankommt, und mit welchen Fehlern gerechnet werden muß.

Unterschiedlich in ihrer Tendenz gegenüber dem Fafegraph und dem ITM-Bündelprüfer verhalten sich die beiden mechanischen Geräte. Beim Stelometer fällt auf, daß die Fasern aus dem Kämmband jeweils eine höhere Reißkraft als die aus dem Wickel besitzen. Als Erklärung liegt die Annahme nahe, daß durch die Karde oder die Kämmmaschine eine gewisse Faserauswahl oder auch eine Veränderung der Fasereigenschaften eingetreten ist. Nachdem der Effekt jedoch auf das Stelometer beschränkt bleibt und die übrigen Geräte schwächere, teilweise sogar entgegengesetzte Tendenzen liefern, kann eine solche Aussage nicht gemacht werden.

Der Pressley-Tester bringt die höchsten Kraftwerte, was zum Teil auf die hohe Prüfgeschwindigkeit und zum Teil auf das verspätete Abstoppen des Belastungswagens zurückzuführen ist.

Prüfungen bei $1/8''$ Einspannlänge werden in Abb. 13 wiedergegeben. Tendenziell gleich sind wieder der ITM-Bündelprüfer und der Fafegraph. Die Differenz zwischen den entsprechenden Meßwerten ist in diesem Diagramm kleiner, da sich Klemmenfehler bei größeren Einspannlängen wie erwartet weniger auswirken. Unterschiedlich verhalten sich erneut der Pressley-Tester und das Stelometer, wobei im Fall des Stelometers wieder das Auf und Ab der Kurve zwischen Wickel und Kämmband zu sehen ist.

Für die Versuche mit 10 mm Einspannlänge kamen nur die beiden Geräte mit elektronischer Kraftmeßeinrichtung infrage. Die Ergebnisse sind in Abb. 14 gegenübergestellt. Auch dabei liegt tendenziell wieder eine recht gute Übereinstimmung vor.

Die Variationskoeffizienten der Reißkraftwerte zu allen Bündel-Zugversuchen gehen aus Tab. 6 hervor. Hierin fällt auf, daß die Variationskoeffizienten im Fall des ITM-Bündelprüfers deutlich kleiner als die der übrigen drei Geräte sind. Es ist mit einer gewissen Wahrscheinlichkeit anzunehmen, daß dieser Unterschied mit der Arbeitsweise der Laborantinnen bzw. der Güte der Faserbündelvorbereitung in Verbindung steht. Einen Einfluß auf die Faserbündelvorbereitung und damit die Streuung der Meßwerte nimmt zweifellos auch die bessere Parallelisierung der Fasern im Kämmband gegenüber dem Wickel: Die für das Kämmband geltenden Variationskoeffizienten liegen – abgesehen von Ausnahmen – durchschnittlich tiefer als die entsprechenden Werte des Wickels. Bei dem ITM-Bündelprüfer zeichnet sich eine Zunahme des Variationskoeffizienten von Einspannlänge 0 auf $1/8''$ ab. Die Vertrauensbereiche der in den Abb. 12–14 wiedergegebenen Reißlängenwerte sind bei Einspannlänge 0 am größten (max. etwa $\pm$ 0,8 Rkm, S = 95%) und fallen mit zunehmender Einspannlänge ab.

Abb. 15 gibt einen Überblick über die Ergebnisse aller Geräte bei 3 Einspannlängen. Jeder Meßpunkt entspricht hierbei dem Mittel der Reißlängen aller 4 Kämmband-Fasermuster. Für den Rückgang der Reißlänge mit zunehmender Einspannlänge sind zwei Ursachen verantwortlich: Einmal nimmt natürlich zwangsläufig die Wahrscheinlichkeit, daß eine wachstumsbedingte Schwachstelle der Faser in dem Bereich zwischen den beiden Klemmen liegt, mit größer werdender Einspannlänge zu (18, 23). Weiterhin entsteht ein Einfluß durch die unterschiedlichen Reißdehnungen der einzelnen Faserbündel: Während bei Einspannlänge 0 im Idealfall alle Fasern gleichzeitig bis zur Reißkraft beansprucht werden, spielen bei Prüfungen mit Einspannlänge und konstanter Verformungsgeschwindigkeit die unterschiedlichen Dehnungseigenschaften der Fasern insofern eine Rolle, als Fasern mit unterschiedlicher Reißdehnung nacheinander zerreißen. Dies bedeutet, daß die einzelnen Fasern auch ihre Reißkräfte nacheinander erreichen. Die Summe der Kräfte aller am Dehnungsprozeß beteiligten Fasern wird aus diesem Grunde zu keinem Zeitpunkt gleich der Summe aller Reißkräfte sein. Die Bündelprüfung ohne Einspannlänge ergibt deshalb theoretisch eine Reißkraft, die der Summe von Einzelfaserprüfungen bei Einspannlänge 0 entspricht, während die Prüfung mit Einspannlänge nur dann mit der Einzelfaserprüfung übereinstimmen würde, wenn alle Fasern dieselbe Reißdehnung hätten.

Aus Abb. 15 geht hervor, daß die Meßwerte des ITM-Bündelprüfers von Einspannlänge 0 auf $1/8''$ stärker abfallen als die der übrigen Geräte. Dies ist darauf zurückzuführen, daß die unterschiedlichen Klemmeigenschaften auf der Seite des ITM-Bündelprüfers einerseits und auf der Seite Fafegraph, Pressley-Tester und Stelometer andererseits wie erwähnt bei Einspannlänge 0 natürlich eine größere Rolle spielen als bei Einspannlänge $1/8''$ oder 10 mm, d. h., daß beispielsweise zwischen dem Fafegraph und dem ITM-Bündelprüfer die Unterschiede bei Einspannlänge 0 relativ größer als bei $1/8''$ sind.

Ein Vergleich der Reißdehnungswerte wurde nur für Prüfungen an den verschiedenen Baumwollmaterialien bei $1/8''$ Einspannlänge mit dem ITM-Bündelprüfer und dem Stelometer durchgeführt. Die Ergebnisse sind in Abb. 16 wiedergegeben. Während die Reißlängenwerte des ITM-Bündelprüfers über denen des Stelometers gelegen hatten, sind die Reißdehnungswerte des Stelometers höher als die des ITM-Bündelprüfers. Die Differenzen liegen zwischen ca. 1,5 und 3%. Trotz der unterschiedlichen Meßprinzipien beider Geräte ist eine gewisse Ähnlichkeit in den Tendenzen der Meßwerte zu erkennen.

5.2.1.2 Vergleich der Reißlängen von Einzelfasern, Faserbündeln, Garnen und Zwirnen

Die Reißlängen von Einzelfasern und Faserbündeln (ITM-Bündelprüfer) sowie der aus den verschiedenen Fasermaterialien hergestellten Garne und Zwirne sind in Abb. 17 gegenübergestellt. Alle Kurven mit Ausnahme der obersten haben eine etwa einheitliche Tendenz. Im Hinblick auf die Übereinstimmung mit den Fadeneigenschaften schneidet die Bündelprüfung mit $1/8''$ Einspannlänge besser als die mit Einspannlänge 0 ab. Dieses Ergebnis deckt sich mit den Ergebnissen anderer Untersuchungen (vgl. Abs. 1). Ebenfalls in guter Übereinstimmung mit den Garn- und Zwirnprüfungen, bei denen die Einspannlänge 500 mm betrug, steht die Bündelprüfung mit 10 mm Einspannlänge. Das Garn liegt natürlich in der Reißlänge unter dem Zwirn, da die Fasern im Garn weniger fest eingebunden sind, die Substanzausnutzung deshalb schlechter ist, und leichter Schleifererscheinungen auftreten können.

Der abweichende Verlauf der Faserbündelwerte bei Einspannlänge 0 geht zweifellos darauf zurück, daß hier trotz der unzureichenden Abklemmung des Faserbündels die unterschiedlichen Kraft-Dehnungs-Eigenschaften der Fasern nur eine untergeordnete Rolle spielen. Dagegen wirken sich differierende Reißdehnungswerte, wie schon erwähnt, bei Bündelprüfungen mit Einspannlänge in der Form aus, daß die Fasern nacheinander zerreißen. Dies gilt in gewissem Maße auch für die Garne und Zwirne, obwohl hier infolge der Drehung der Fasern im Garnverband eine stärkere gegenseitige Beeinflussung der Fasern eintritt.

Die Bündelprüfung ohne Einspannlänge kann daher nicht dazu dienen, Voraussagen über die Garneigenschaften zu machen. Ihre Aufgabe dürfte darin bestehen, die reine Substanzfestigkeit der Fasern zu messen, um daraus Aussagen über deren Qualität bzw. über Veränderungen durch Wachstumseinflüsse usw. zu erhalten.

Ähnliches gilt für die Bestimmung der mittleren Reißkraft von Fasern durch eine Einzelfaserprüfung, da auch hier die reine Substanzfestigkeit des Materials bestimmt wird. Allerdings liefert die Einzelfaserprüfung eine weitere wichtige Größe, nämlich die Streuung der Reißdehnungswerte. Erst die Verbindung dieser beiden Werte erlaubt eine Voraussage auf die zu erwartenden Fadeneigenschaften.

5.2.2 Wolle

Abb. 18 zeigt einige Bündel-KD-Linien eines der rohweißen Wollmaterialien. Die Maßstäbe sind wegen der im Vergleich zu Baumwolle höheren Reißdehnung und der kleineren spezifischen Festigkeit der Wolle gegenüber Abb. 11 um den Faktor 2 vergrößert bzw verkleinert. Die typische KD-Linie der Wolleinzelfaser mit einem ausgeprägten Knie und nachfolgenden Fließbereich kommt bei der Bündelprüfung nur noch teilweise zum Ausdruck. Hier wie auch bei der Baumwolle muß der Einfluß des in Abschnitt 5.123 beschriebenen Klemmenschlupfes berücksichtigt werden, der zweifellos zu einer Verfälschung im Sinne zu hoher Dehnungswerte führt.

5.2.2.1 Bündelzugprüfungen bei Einspannlänge 0, $^1/_8''$ und 10 mm

Während bei der Baumwolle (vgl. Abb. 12) die Werte des ITM-Bündelprüfers bei Einspannlänge 0 mehr als 20% über denen des Stelometers lagen, überschreiten umgekehrt im Fall der Wolle die Werte des letzteren Gerätes die des ITM-Bündelprüfers (Abb. 19). Da auch hier bei beiden Geräten mit verschiedenen Klemmenpaaren gearbeitet werden mußte, die aber nicht mit denen der Baumwollprüfung identisch sind, dürfte diese Erscheinung ebenfalls auf Klemmeneinflüsse zurückzuführen sein. Beide Geräte zeigen eine etwa gleiche Abhängigkeit der Meßwerte von der Faserprovenienz und -färbung. Offensichtlich ruft der Färbeprozeß eine Verringerung der Substanzfestigkeit des Fasermaterials hervor, wobei im Fall der Partie 310 der tiefere Farbton (rot) eine etwas stärkere Reduzierung der Reißlänge als der hellere (hell-beige) liefert. Die Tendenzen verschieben sich bei der Prüfung mit Einspannlänge $^1/_8''$, da wieder neben der reinen Substanzfestigkeit der Fasern auch die Dehnungseigenschaften eine Rolle spielen (Abb. 20). Auch hier gilt, daß die gefärbten Fasern mehr oder weniger in ihrer Reißlänge gegenüber den ungefärbten abfallen. Die tendenzielle Übereinstimmung der beiden Prüfgeräte darf als relativ gut bezeichnet werden.

Einen ähnlichen Verlauf wie bei $^1/_8''$ zeigen auch die Meßwerte des ITM-Bündelprüfers bei 10 mm Einspannlänge (Abb. 21).

Die Variationskoeffizienten der Reißlängen aller Bündelprüfungen an Wolle gehen aus Tab. 7 hervor. Die Werte des Stelometers liegen im Gegensatz zu Tab. 6 nur wenig über denen des ITM-Bündelprüfers. Eine allgemeine Abhängigkeit des Variationskoeffizienten von der Einspannlänge ist nicht zu beobachten.

Der relative Abfall der Reißlängenwerte mit zunehmender Einspannlänge erweist sich bei der Wolle als gegenüber der Baumwolle wesentlich geringer (Abb. 22). Die Meßpunkte stellen wieder Mittelwerte aus den Ergebnissen sämtlicher Materialien dar. Die geringere Auswirkung zunehmender Einspannlänge dürfte darauf zurückzuführen sein, daß Wollfasern keine ausgesprochenen Schwachstellen im Sinne der Struktur-Umkehrpunkte von Baumwollfasern besitzen. Für den Abfall der Reißlängenwerte sind wahrscheinlich vor allem die Unterschiede der Reißdehnungswerte der Einzelfasern verantwortlich. Möglicherweise kommen durch das stärkere Herauswandern der Wollfasern aus den Klemmen (vgl. Abb. 10) die Dehnungsunterschiede der Fasern auch bei Einspannlänge 0 stärker zum Tragen, so daß der Abfall der Reißlängenwerte mit zunehmender Einspannlänge abgeschwächt wird.

5.2.2.2 Vergleich der Reißlängen von Einzelfasern, Faserbündeln, Garnen und Zwirnen

Entgegengesetzt zu den Verhältnissen bei der Baumwolle liegen die Reißlängenwerte der Einzelfaserprüfung an Wolle über denen der Faserbündelprüfung bei Einspannlänge 0 (Abb. 23). Für diese Umkehrung dürften die bereits im vorigen Abschnitt genannten Ursachen veranwortlich sein, die auch zu einer Nivellierung der Bündelwerte verschiedener Einspannlängen geführt hatten: Wegen des Fehlens ausgesprochener Schwachstellen in der Wollfaser ist die Faserbündelprüfung ohne Einspannlänge in dieser Hinsicht nicht in gleichem Maß gegenüber der mit $1/8''$ oder 10 mm Einspannlänge ausgezeichnet. Auch bei einer ideal homogenen Faser sollte die mittlere Reißlänge der Einzelfaser aber den Wert der Faserbündelprüfung ohne Einspannlänge nicht überschreiten. Wenn dies bei der Wolle trotzdem der Fall ist, so dürfte dafür der Einfluß der unterschiedlichen Fasercharakteristiken, der sich bereits bei der Einspannlänge 0 auswirken, verantwortlich sein. Daß der letztere Faktor bei der Wolle eine größere Rolle spielt als bei der Baumwolle, zeigt sich aus der besseren tendenziellen Übereinstimmung zwischen den Meßwerten der Faserbündelprüfungen bei Einspannlänge 0, $1/8''$ und 10 mm. Demgegenüber liefert die Einzelfaserprüfung – klarer als bei der Baumwolle – hier einen deutlich anderen Verlauf.

Wie in Abb. 17 ergibt sich auch für Wolle eine gute Übereinstimmung der Relationen zwischen den Garn- und Zwirnwerten einerseits und den Faserbündelwerten bei Einspannlänge $1/8''$ bzw. 10 mm andererseits. Dagegen verhalten sich die Einzelfaser-Reißlängen der jeweils zusammengehörigen Faserpartien gerade entgegengesetzt zu den entsprechenden Werten der Garne und Zwirne.

Die bei Wolle gegenüber Baumwolle etwas bessere Korrelation zwischen den Faserbündel-Reißlängen und den Garn- bzw. Zwirn-Reißlängen könnte mit der kleineren Garn- und Zwirndrehung der Wollfäden zusammenhängen: Je geringer die Drehung ist, desto kleiner ist auch die gegenseitige Wechselwirkung der Fasern im Gespinst, und desto mehr ähneln die Verhältnisse denen des parallelisierten Faserbartes bei der Bündelprüfung.

5.2.3 Baumwolle–Cuprama

Baumwoll- und Cupramafasern zeigen charakteristische Unterschiede in ihren Kraft-Dehnungs-Eigenschaften, die sich unter anderem in einer niedrigeren Reißkraft der Chemiefaser äußern (Abb. 24). Unter Berücksichtigung des etwas feineren mittleren Fasertiters der Baumwolle ergibt sich, daß die Reißlänge von Baumwolle die der Cupramafaser sogar um mehr als das Doppelte übersteigt.

Auf Grund der völlig verschiedenen KD-Linien ist zu erwarten, daß Zugprüfungen an derartigen Fasergemischen, sei es in Form eines Faserbündels oder eines Gespinstes, stark von der Mischung abhängige Werte liefern. Dies zeigt sich sehr deutlich aus Abb. 25, in der die KD-Linien von Faserbündeln bei Einspannlänge $1/8''$ wiedergegeben sind. Während die Kurven der reinen Fasermaterialien die Kraft-Dehnungs-Charakteristiken der entsprechenden Einzelfasern wiederspiegeln, entstehen die Kurven für die Fasergemische durch Überlagerung beider Charakteristiken. Am deutlichsten kommt dies im Fall der Mischung »67 Cuprama/33 Baumwolle« zum Ausdruck. Das Maximum dieser Kurve wird durch die Baumwollfaser bestimmt, während sich der anschließende »Buckel« in dem Dehnungsbereich befindet, in dem die Kurve des reinen Cuprama-Fasermaterials ihre höchsten Werte erreicht.

5.2.3.1 Vergleich der Reißlängen von Einzelfasern, Faserbündeln, Garnen und Zwirnen

Wie bei den in Abschnitt 5.212 beschriebenen Untersuchungen liegt auch bei der hier eingesetzten Baumwollprovenienz die Bündel-Reißlänge bei Einspannlänge 0 über der Reißlänge der Einzelfaserprüfung (Abb. 26). Dagegen stimmen beide Werte für das reine Cuprama-Fasermaterial etwa überein. Dies ist insofern verständlich, als auch bei der Cupramafaser nicht mit über die Länge verteilten Schwachstellen wie bei der Baumwolle zu rechnen ist, als aber andererseits im Unterschied zur Wolle die Streuung der

Reißdehnungswerte der Einzelfasern und damit deren Einfluß auf die Bündelprüfung relativ klein ist. Erwartungsgemäß fallen die Reißlängenwerte mit zunehmendem Cupramaanteil in der Fasermischung ab. Die Einzelfaser-Reißlängenwerte der beiden Mischungen entstanden durch Mittelung der Reißlängen entsprechender Anzahlen von Baumwoll- und Cuprama-Einzelfasern.

Die Meßwerte der Faserbündelprüfungen mit Einspannlänge steigen jeweils von der Fasermischung 67 Cuprama/33 Baumwolle zum reinen Cuprama hin an. Trotz der höheren spezifischen Festigkeit der beteiligten Baumwollkomponente verhält sich diese Fasermischung bezüglich ihrer Gesamtfestigkeit am ungünstigsten. Wie bereits aus Abb. 25 zu ersehen war, ist dies auf die stark unterschiedlichen Reißdehnungen beider Fasermaterialien zurückzuführen, die sich beim Prüfen mit Einspannlänge auswirken.

Der Abfall der Reißlängen des Garnes und des Zwirnes von 67 Cuprama/33 Baumwolle zum reinen Cuprama entspricht der Faserbündelprüfung ohne Einspannlänge, während die in den vorigen Abschnitten beschriebenen Versuche gezeigt hatten, daß sich eine bessere Voraussage auf die Garneigenschaften aus der Faserbündelprüfung mit Einspannlänge gewinnen läßt. Ursache dieser Diskrepanz sind vermutlich die extremen Dehnungsunterschiede der beiden Faserkomponenten, die – anders als bei der Bündelprüfung mit Einspannlänge – im Garn bzw. Zwirn weniger zur Wirkung kommen. Das Reißen eines solchen Garnes wird sich also nicht – wie im Fall des Faserbündels – über einen größeren Dehnungsbereich abspielen, sofern die Drehung genügend hoch ist.

Als Vergleich zur Faserbündelprüfung wurden Prüfungen mit gebündelten Garnen bei Einspannlänge 0, $1/8''$ und 10 mm durchgeführt. Die Werte der Prüfungen an 67 Cuprama/33 Baumwolle und reinem Cupramamaterial mit Einspannlänge zeigen hier weder einen Anstieg noch einen Abfall. Im Gegensatz zu den Zugprüfungen mit großer Einspannlänge verlaufen die Meßwerte zu $1/8''$ und 10 mm etwa parallel (Abb. 27).

5.2.4 Der Einfluß der Einspannlänge auf die Reißlänge von gebündelten Reyon-Fäden

Während die Baumwollfasern einen großen und die Wollfasern einen kleinen Abfall der Bündelreißlänge mit zunehmender Einspannlänge zeigten, ergibt sich aus Abb. 26, daß dieser Abfall bei den Fasermischungen mit zunehmendem Cupramaanteil kleiner wird und im Fall des reinen Cupramamaterials relativ gering ist.

Der Unterschied zwischen den Natur- und den Chemiefasern, der für diesen Effekt verantwortlich ist, besteht einmal in der kleineren Streuung der Reißdehnungswerte und zum anderen im Fehlen von Schwachstellen bei dem Cupramamaterial. Eine noch weitergehende Übereinstimmung der Werte zu verschiedenen Einspannlängen ist zu erwarten, wenn an Stelle eines Chemiefasermaterials Endlosfäden Verwendung finden. Um dies nachzuweisen, wurden Zugversuche an Reyon-Fäden 132 dtex f 24 durchgeführt, die in Form von Fadenharfen aus jeweils 15 Multifilamenten in den Bündelklemmen eingespannt waren. Aus Abb. 28 ist ersichtlich, daß die Reißlängen bis hinauf zu einer Einspannlänge von 50 mm sehr wenig differieren. Ein geringfügiger Abfall tritt bei Vergrößerung der Einspannlänge von $1/8''$ auf 10 mm ein.

6. Zusammenfassung

Bei der Faserbündelprüfung muß mit Meßfehlern gerechnet werden, die – insbesondere bei mechanisch arbeitenden Geräten – vom Gerät selbst, weiterhin von der Faserbündelvorbereitung und schließlich von den Faserklemmen herrühren. So konnte mit fotografischen Messungen an einem Pressley-Tester gezeigt werden, daß durch die verzögerte Abbremsung des Belastungswagens nach Eintritt des Faserbündelbruches mit diesem Gerät durchschnittlich etwa 1 lb zu hohe Reißkraftwerte gefunden werden. Aussagen über die Funktion der Bündelklemmen ließen sich aus Messungen der Klemmendruckverteilung mit strukturierten Stanniolfolien und durch Wägung der Faserbündelanteile innerhalb der Klemmen und zwischen diesen erhalten. Größere Versuchsreihen bei Einspannlänge 0 galten der Frage, welchen Einfluß die Größe der in den Klemmen enthaltenen Fasermenge auf die Höhe der Reißkraft und den Klemmenabstand bei Eintritt des Bruches nimmt. Daraus zeigte sich, daß die Reißlänge des Faserbündels sowohl bei Baumwolle als auch bei Wollfasern innerhalb der Grenzen, die bei normalen Prüfungen nicht überschritten werden, keine Änderung erfährt. Dagegen ist – insbesondere bei Wolle – die Abstandsänderung der Klemmen schon bei kleinen Fasermengen deutlich meßbar und erreicht bei hohen Fasermengen maximale Werte um 1,2 mm. Dies ist ein überzeugender Beweis dafür, daß eine Einspannlänge 0 in der Praxis nicht realisiert werden kann.

Für die vergleichenden Untersuchungen zwischen verschiedenen Geräten standen ein Pressley-Tester, ein Stelometer, ein Fafegraph mit Vorrichtung zur Bündelprüfung und ein im Institut für textile Meßtechnik entwickeltes Gerät mit gleichzeitiger elektronischer Kraft- und Dehnungsmessung zur Verfügung. Große Unterschiede der absoluten Meßwerte zwischen den verschiedenen Geräten ergaben sich sowohl bei Wolle wie auch bei Baumwolle insbesondere bei Einspannlänge 0, während Fafegraph und ITM-Bündelprüfer sowie mit gewissen Einschränkungen auch das Stelometer tendenziell recht gut übereinstimmten. Einen wesentlichen Anteil an den Unterschieden hatten die verwendeten Klemmenpaare, die deutlich voneinander abweichende Reißlängenwerte lieferten.

Die Bündel-Reißlängenwerte fallen bei allen Geräten mit zunehmender Einspannlänge ab. Dies zeigt sich ausgeprägt bei Baumwolle, weniger bei Wolle und in noch geringerem Maß bei Cupramafasern, während die Reißlänge von Reyonfäden nahezu unabhängig von der Einspannlänge ist. Die Ursachen des starken Abfalles bei der Baumwolle sind strukturbedingte Schwachstellen, die über die Faserlänge verteilt auftreten, sowie die bei Naturfasern allgemein stärkere Streuung der Reißdehnungswerte. Beide Faktoren spielen im Fall des Reyons nur eine untergeordnete Rolle.

Die Reißlängen der Einzelfaserprüfung liegen bei Baumwolle unter denen der Bündelprüfung ohne Einspannlänge, während sich das Verhältnis bei Wolle umkehrt. Cupramafasern liefern bei beiden Prüfungen etwa gleiche Werte.

Wollgarne und -zwirne zeigen bezüglich ihrer Festigkeit Übereinstimmung mit der Bündelprüfung mit Einspannlänge, während sich die Einzelfaser-Reißlängen anders verhalten. Bei den Baumwollmaterialien liegt eine ähnliche Übereinstimmung vor, während hier vor allem die Bündelprüfung ohne Einspannlänge tendenziell abweicht.

Offenbar ist die Ähnlichkeit der Prüfbedingungen zwischen Garnen und Zwirnen einerseits und Faserbündeln mit Einspannlänge andererseits nicht mehr gegeben, wenn Fasern mit sehr unterschiedlichen Kraft-Dehnungs-Charakteristiken miteinander kombiniert werden. Daher ähnelt das Verhalten der Baumwolle/Cuprama-Mischgespinste zum Teil dem von Faserbündeln ohne Einspannlänge. Maßgebend ist die Höhe der Garn-

bzw. Zwirndrehungswerte: Je höher diese sind, desto weniger werden Unterschiede innerhalb des Fasermaterials wie bei der Bündelprüfung mit Einspannlänge auch in den Fadeneigenschaften zum Ausdruck kommen.

7. Danksagung

Die Durchführung der Arbeiten wurde durch eine Forschungsbeihilfe des Landesamtes für Forschung Nordrhein-Westfalen ermöglicht. Hierfür sei an dieser Stelle unser Dank ausgesprochen.

Zu danken ist weiterhin den Firmen

Feinspinnerei B. Bartmann & Sohn GmbH, Wegberg,
Farbenfabriken Bayer, Werk Dormagen,
Baumwollspinnerei A. Bresges, Rheydt,
Kammgarnspinnerei Stöhr & Co. AG, Rheydt,

welche die Faser- und Garnmaterialien bereitstellten.

Danken möchten wir schließlich Herrn Dipl.-Ing. O. BECKER für die Entwicklung des ITM-Bündelprüfers und unseren Laborantinnen R. HAHN, U. HOMUTH, M. POPPE, I. SCHLANGEN und H. SCHNITZLER für die sorgfältige Durchführung der Untersuchungen.
Unser ganz besonderer Dank gilt Herrn Dipl.-Ing. F. HADWICH, Direktor des Faserinstituts Bremen e. V., sowie den Mitarbeiterinnen dieses Instituts und der Bremer Baumwollbörse, in deren Händen ein wesentlicher Teil der Bündelprüfungen lag.

8. Literaturverzeichnis

[1] STEIN, H., Grundsätzliches zur Bündelfestigkeitsprüfung von Fäden und Fasern, Zeitschr. ges. Textilind. **67** (1965), S. 611.
[2] FLEISCHLE, F. W., Untersuchungen der Fehlanzeigen am Pressley-Tester, Text.-Praxis **12** (1957), S. 342.
[3] HADWICH, F., Die Bestimmung der Bündelfestigkeit von Baumwolle mit dem Pressley-Tester und dem Stelometer, Text.-Praxis **22** (1967), S. 692.
[4] WALZ, F., Erfahrungen beim Baumwoll-Test, Text.-Praxis **10** (1955), S. 131.
[5] TALPAY, B. M., Die Aussagegenauigkeit des Pressley-Testes, Zeitschr. ges. Textilind. **63** (1961), S. 538.
[6] HADWICH, F., Über den Pressley-Test, Text.-Praxis **14** (1959), S. 327.
[7] ROUSE, J. T., Cotton fibre strength tests of $1/8$ inch gauge with Pressley and Stelometer instruments, Text. Res. J. **34** (1964), S. 908.
[8] LAWSON, R., Strength of cotton fibres as measured by the Pressley Tester and the Stelometer, Text. Res. J. **34** (1964), S. 725.
[9] BARELLA, A., und A. SUST, A study of the tensile strength of wools using the fibre bundle method, Text. Inst. and Ind. **3** (1965), S. 175; Referat Zeitschr. ges. Textilind. **67** (1965), S. 584.

[10] OTTO, R., Methoden zur Prüfung von Bastfasern, Melliand-Textilber. **42** (1961), S. 494.
[11] HADWICH, F., Das Stelometer-Prüfgerät zur Bündelfestigkeitsbestimmung von Baumwollfasern, Spinner & Weber **75** (1957), S. 1189.
[12] BLANKENBURG, G., H. PHILIPPEN und P. SPIEGELMACHER, Probleme der Bündelprüfung an Wolle, Zeitschr. ges. Textilind. **71** (1969), S. 830.
[13] Anonym, Semi-automated cotton fibre strength tester, Text. Wkly **68** (1968), S. 469.
[14] CARPENTER, F., und F. E. NEWTON, Bewertung eines halbautomatischen Baumwoll-Festigkeitsprüfer, Referat Text.-Praxis **23** (1968), S. 289.
[15] BUCK, jr., G. S., Baumwollmarketing auf der Grundlage getesteter Fasereigenschaften, Text.-Praxis **23** (1968), S. 142.
[16] MÀRTHA, E., In Ungarn gebräuchliche objektive Baumwollprüfmethoden und ihr Verhältnis zu Micronaire- und Pressley-Untersuchungen, Melliand Textilber. **49** (1968), S. 636.
[17] WALZ, F., und G. BRÖCKEL, Ein Faserbart-Kraftdehnungsgerät, Textil-Praxis **14** (1959), S. 889.
[18] WINKLER, F., Über die Zusammenhänge zwischen der Bündelfestigkeit und der Festigkeit von einzelnen Fasern und Fäden, Faserforsch. Textiltechn. **5** (1954), S. 398.
[19] TEN CATE, G. H. J., Het Verband tussen de Enkeldraadssterkte en - Rek en de Bundelsterkte en - Rek von Garens, De Tex **27** (1968), No. 7.
[20] BRÖCKEL, G., Die Ermittlung von Einzelfaserkennwerten aus einem (Faser-)Kollektiv, Text.-Praxis **13** (1959), S. 767.
[21] NOSEK, Mathematische Analyse der Kollektivbeanspruchung von Garnen, Faserforschung und Textiltechnik **9** (1958), Heft 12.
[22] MESKAT, BORGES, Die gleichzeitige Prüfung eines Kollektivs aus textilem Material, Faserforschung und Textiltechnik **8** (1957), Heft 8.
[23] IYER, B. V., Über den Zusammenhang zwischen der Feinstruktur und der Festigkeit von Baumwollfasern, Text.-Praxis **20** (1965), S. 1.
[24] REINFELD, N., Neue Erkenntnisse mit dem Dr. Schumacher-Harfenreißgerät, Melliand-Textilber. **36** (1955), S. 988.
[25] WILHELM, A., und U. REINSHAGEN, Das Harfenreißgerät als Produktionskontrolle und als Maßstab für die Verarbeitungsgüte, Melliand-Textilber. **38** (1957), S. 382.
[26] BURLEY, jr., S. T., F. CARPENTER, The evaluation of results obtained on available types of fibre strength testers using various gauge spacings and their relation to yarn strength, USDA Agricultural Marketing Service Bulletin **71** (1955).
[27] HIRSCHFELD-TEWES, J., Fehlerquellen bei Micronaire- und Pressley-Tests, Zeitschr. ges. Textilind. **63** (1961), S. 647.
[28] HADWICH, F., Zufallseinflüsse und Vertrauensbereichsweiten beim Pressley-Test, Internationale Baumwolltest-Tagung Bremen (1966), S. 46.
[29] LANGER, H., Einige Feststellungen über persönliche und materialbedingte Ursachen zur Streuung der Pressley-Test-Werte, Text.-Praxis **16** (1961), S. 339.
[30] DEWISCHEIT, G., Der Micronaire- und Pressley-Test im Einfluß von Temperatur und Luftfeuchtigkeit, Text.-Praxis **13** (1958), S. 674.
[31] HADWICH, F., Internationale Baumwollteststandards, Spinner & Weber **75** (1957), S. 298.
[32] HADWICH, F., Überlegungen zum Einzelballentest und Mischtest im Hinblick auf eine Pressley-Arbitrage, Melliand-Textilber. **44** (1963), S. 129.
[33] HADWICH, F., Der Micronaire- und Pressley-Test, Zeitschr. ges. Textilind. **64** (1962), S. 1046.
[34] BARELLA, A., Testing the tensile strength of cotton yarns by means of bundle test, Magyar Textilt. **20** (1968), S. 134.
[35] HADWICH, F., Pressley-Test mit Restauskämmung, Text.-Praxis **15** (1960), S. 345.
[36] TROMMER, G., Einfluß der statistischen Häufigkeitsverteilung der Faserreißdehnung auf die Reißdehnung und Reißkraft von Fäden, Faserforschung und Textiltechn. **19** (1968), S. 378.
[37] Anonym, La tènacitè du coton, son controle, son importance, Bull. Inst. Text. France (1962), Nr. 100, S. 447.

[38] Raes, G., und T. Fransen, Que signifie une mesure de resistance effectuée sur des faisceaux de fibres de longueur d'essai définie? Ann. sci. Text. Belges (1957), S. 89.

[39] Geitel, K. H., Eine Methode zur Bündelfestigkeitsprüfung von Chemiefasern, Faserforschung u. Textiltechn. **13** (1962), S. 352.

[40] Rebenfeld, L., Transmission of cotton fiber strength and extensibility, Text. Res. J. **28** (1958), S. 585.

[41] Fiori, L. A., J. E. Sands, H. W. Little und J. N. Grant, Effect of cotton fibre bundle break elongation and other fibre properties on the properties of a coarse and a medium single yarn, Text. Res. J. **26** (1956), S. 553.

[42] Louis, G. L., und L. A. Fiori, What amount of cotton fibre strength is reflected in yarn strength, Text. Bull. **93** (1967), S. 37.

[43] Bogdan, J. F., Baumwoll-Faserlängen und Garnfestigkeit, Vortrag anläßlich der 19. Baumwoll-Forschungskonferenz, Pinehurst, N. C., USA, Referat Text.-Praxis **23** (1968), S. 289.

[44] Bogdan, J. F., Fibre length: yarn strength, Text. Bull. **94** (1968), S. 23, 71.

[45] Du Bois, W. F., Aufgaben eines Baumwolltestlaboratoriums II, Melliand Textilber. **43** (1962), S. 1153.

[46] Maillard, F., E. Amouroux und H. Sugier, Mesure de la résistance des fibres de laine à l'aide du dynamométre Pressley, Bull. Inst. Text. France (1958), Nr. 78, S. 7.

[47] van de Riet, D. F., Bestimmung der Reißdehnung von Baumwollfasern mit dem Pressley-Test, Internationale Baumwolltest-Tagung Bremen (1966), S. 17.

[48] Lünenschloss, J., und E. Hummel, Die Abhängigkeit des Verhältnisses der Bündelfestigkeiten bei Einspannlänge 0 und $1/8''$ von der Faserlänge und der Baumwoll-Provenienz, Zeitschr. ges. Textilind. **63** (1961), S. 542.

[49] Wolf, A. F., Vergleich der bei Einspannlänge 0 und bei Einspannlänge $1/8$ inch mit dem Pressley-Faserbündelfestigkeitsprüfer erzielten Ergebnisse, Zeitschr. ges. Textilind. **61** (1959), S. 5, 48.

Anhang

a) Tabellen

Tab. 1 Baumwolle

	Guiza-W		Menoufi-B		Sudan-W		Sudan-B		Sakel
	Wickel	Kämmbündel	Wickel	Kämmbündel	Wickel	Kämmbündel	Wickel	Kämmbündel	Ballen
Faserfeinheit (Micronaire)	3,1	3,3	3,6	4,0	3,5	3,8	3,8	4,1	3,8
Almeter									
H (mm)	21,9	26,9	21,9	26,3	21,1	24,1	18,8	24,8	22,2
B (mm)	25,9	29,3	26,5	29,1	26,0	27,1	24,2	27,4	26,5
V_H (%)	43,8	32,7	46,7	35,0	49,0	36,8	54,1	34,4	44,9
≤ 12 mm	20,0	3,0	23,0	4,6	22,1	7,0	33,9	5,5	19,0
Garnnummer (tex)		14,3		14,3		14,3		14,3	
Garndrehung (T/m)		940 Z		940 Z		940 Z		940 Z	
Zwirnnummer (tex)		14,3		14,3		14,3		14,3	
Zwirndrehung (T/m)		710 S		710 S		710 S		710 S	

H = mittlere Faserlänge nach Faserzahl (Hauteur)
B = mittlere Faserlänge nach Fasergewicht (Barbe)
V_H = Variationskoeffizient der Längenverteilung nach der Faserzahl in %
≤ 12 mm = Anteil der Fasern 12 mm und kürzer nach der Faserzahl in %

Tab. 2 Wolle

	220/4205 rohweiß	221/2147 oliv	221/2158 hellblau	310/4048 rohweiß	311/2182 rot	311/2183 hellbeige
Faserfeinheit (μ)	21,0	21,0	20,6	22,1	22,1	21,9
Almeter						
H (mm)	57,8	58,4	64,8	61,8	62,4	59,8
B (mm)	71,8	73,5	79,8	78,3	79,5	77,9
V_H (%)	49,4	50,7	48,2	51,6	52,6	54,7
≤ 40 mm (%)	30,6	30,3	24,6	26,6	27,5	32,0
≤ 30 mm (%)	15,0	15,7	13,2	11,3	13,2	17,8
Garnnummer (tex)		29/1	29/1		28/1	28/1
Garndrehung (T/m)		445 Z	435 Z		465 Z	465 Z
Zwirnnummer (tex)		29/2	29/2		28/2	28/2
Zwirndrehung (T/m)		445 S	445 S		475 S	475 S

H = mittlere Faserlänge nach Faserzahl (Hauteur)
B = mittlere Faserlänge nach Fasergewicht (Barbe)
V_H = Variationskoeffizient der Längenverteilung nach der Faserzahl in %
≤ 40 mm = Anteil der Fasern 40 mm und kürzer nach der Faserzahl in %
≤ 30 mm = Anteil der Fasern 30 mm und kürzer nach der Faserzahl in %

Tab. 3 Baumwolle–Cuprama

	Baumwolle	BW/Cuprama 67/33	BW/Cuprama 33/67	Cuprama
Faserfeinheit	4,8 (Micronaire) (= 2,0 dtex)			2,7 dtex
Schnittlänge (mm)				34
Mittelstapel (mm) (Johannsen-Zweigle)	28,6			
Garnnummer (Nm)	25/1	25/1	25/1	25/1
Garndrehung (T/m)	695 Z	695 Z	695 Z	695 Z
Zwirnnummer (Nm)	25/2	25/2	25/2	25/2
Zwirndrehung (T/m)	540 S	540 S	540 S	540 S

Tab. 4 Verteilung der Fasermassen in und zwischen den Klemmen bei der Bündelprüfung

Versuch Nr.	Faserbündel gerissen			Faserbündel zerschnitten		
	a	b	c	a	b	c
1	46,88	26,56	26,56	46,43	27,19	26,38
2	46,56	26,21	27,23	46,30	27,90	25,80
3	46,11	27,23	26,66	46,30	27,38	26,28
4	46,31	26,65	27,04	46,89	27,40	25,71
5	46,16	27,07	26,77	45,89	27,40	26,71
6	46,03	27,08	26,89	46,13	26,70	27,17
7	46,25	26,81	26,94	47,05	24,30	28,65
8	46,02	27,90	26,08	46,18	27,20	26,62
9	46,17	26,99	26,84	46,36	26,58	27,06
10	46,47	26,57	26,96	46,10	27,25	26,85

Einspannlänge: 10 mm
Material: Wolle
mittl. Klemmenanpreßmoment: 10,3 (cm · kp)
a: Anteil (%) zwischen den Klemmen
b: Anteil (%) in Klemme I
c: Anteil (%) in Klemme II

Tab. 5 Verteilung der Fasermassen in und zwischen den Klemmen bei der Bündelprüfung

Versuch Nr.	Faserbündel gerissen						Faserbündel zerschnitten		
	a	b	c	a*	b*	c*	a	b	c
1	50,75	24,45	24,80	51,09	23,55	25,36	45,65	27,175	27,175
2	50,38	24,55	25,07	49,46	25,20	25,34	45,79	27,40	26,81
3	50,27	24,73	25,00	50,83	24,42	24,75	46,06	27,34	26,60
4	50,88	24,40	24,72	50,76	24,52	24,72	45,80	27,25	26,95
5	49,38	25,18	25,44	49,75	25,05	25,20	45,60	27,74	26,66
6	50,47	24,53	25,00	50,06	24,97	24,97	45,71	27,20	27,09
7	48,82	24,80	26,38	49,94	24,60	25,46	45,48	27,53	26,99
8	50,68	24,42	24,90	49,34	24,60	26,06	45,44	27,51	27,05
9	50,94	24,36	24,70	49,18	25,20	25,62	46,90	26,21	26,89
10	50,00	24,80	25,20	50,32	25,00	24,68	45,40	27,31	27,29

Material: Polyester
mittl. Klemmenanpreßmoment: 10,3 (cm · kp) [*9,2 (cm · kp)]
a: Anteil (%) zwischen den Klemmen
b: Anteil (%) in Klemme I
c: Anteil (%) in Klemme II

Tab. 6 Variationskoeffizienten der Bündel-Reißlängen von Baumwollfasern in %

	Guiza-W		Menoufi-B		Sudan-W		Sudan-B		Sakel
	Wickel	Kämm-bündel	Wickel	Kämm-bündel	Wickel	Kämm-bündel	Wickel	Kämm-bündel	
ITM-BP 0	–	2,9	–	3,2	–	2,2	–	3,0	–
ITM-BP $1/8''$	–	3,5	–	3,6	–	4,1	–	4,6	–
ITM-BP 10 mm	–	5,3	–	3,4	–	3,7	–	3,9	–
Fafegraph 0	10,82	10,0	6,5	6,5	9,6	8,43	10,7	8,4	9,9
Fafegraph $1/8''$	6,0	7,7	10,9	7,1	9,0	5,5	13,0	7,8	14,0
Fafegraph 10 mm	11,2	7,1	14,5	6,6	18,6	7,7	13,2	11,2	11,5
Pressley-Tester 0	4,9	5,0	5,0	3,5	5,5	7,2	6,7	5,5	5,5
Pressley-Tester $1/8''$	10,1	6,7	13,1	6,4	19,5	10,0	22,2	10,7	13,3
Stelometer 0	8,5	7,9	8,5	9,7	7,9	6,8	7,6	7,2	7,6
Stelometer $1/8''$	10,3	6,9	12,9	6,7	13,9	7,4	19,8	7,0	14,7

Tab. 7 Variationskoeffizienten der Bündel-Reißlängen von Wollfasern in %

	220/4205 rohweiß	221/2147 oliv	221/2158 hellblau	310/4048 rohweiß	311/2182 rot	311/2183 hellbeige
ITM-BP 0	4,3	2,7	5,0	3,3	3,7	2,2
ITM-BP 1/8″	3,3	2,8	2,5	3,8	2,2	3,3
ITM-BP 10 mm	2,8	4,9	2,8	3,4	3,8	2,2
Stelometer 0	5,0	7,1	5,2	5,0	4,5	5,6
Stelometer 1/8″	3,6	3,2	3,3	3,9	5,8	4,3

b) Abbildungen

Abb. 1
ITM-Bündelprüfer

Abb. 2
Faser-Zugprüfgerät Fafegraph
mit automatischen Einzelfaserklemmen

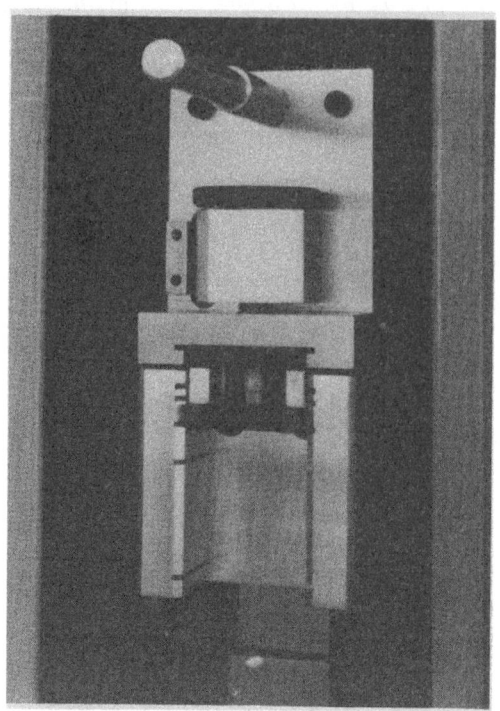

Abb. 3 Bündelklemmenhalter am Fafegraph mit eingesetzten Pressley-Klemmen (Einspannlänge 10 mm)

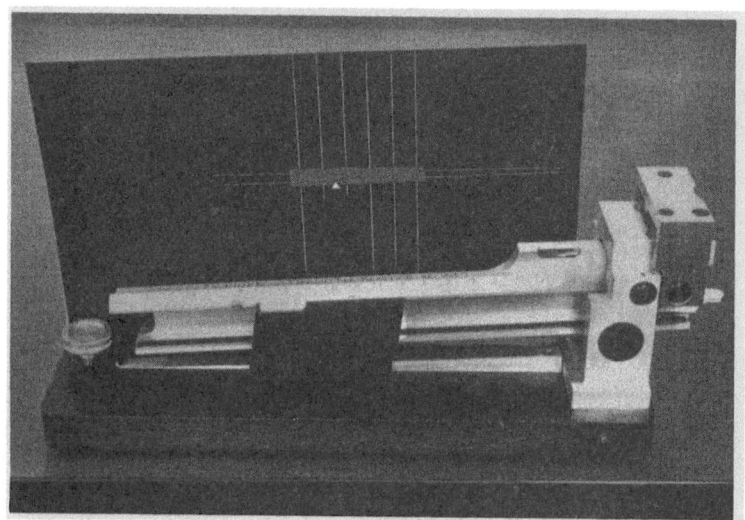

Abb. 4 Pressley-Tester

Abb. 5 Meßphoto

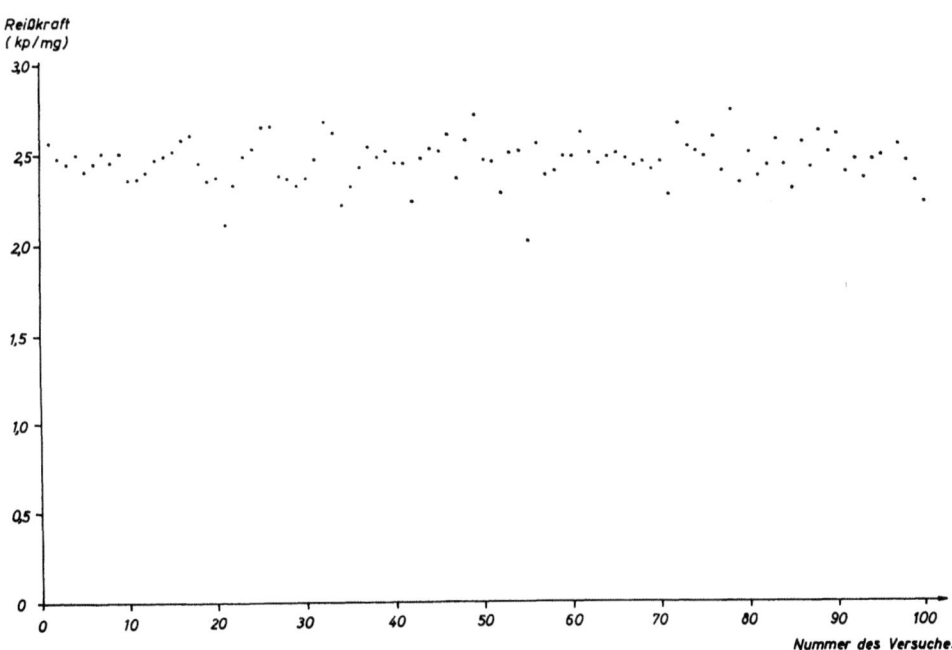

Abb. 6 Abhängigkeit der Reißkraft von der Anzahl der Prüfungen (Baumwolle)

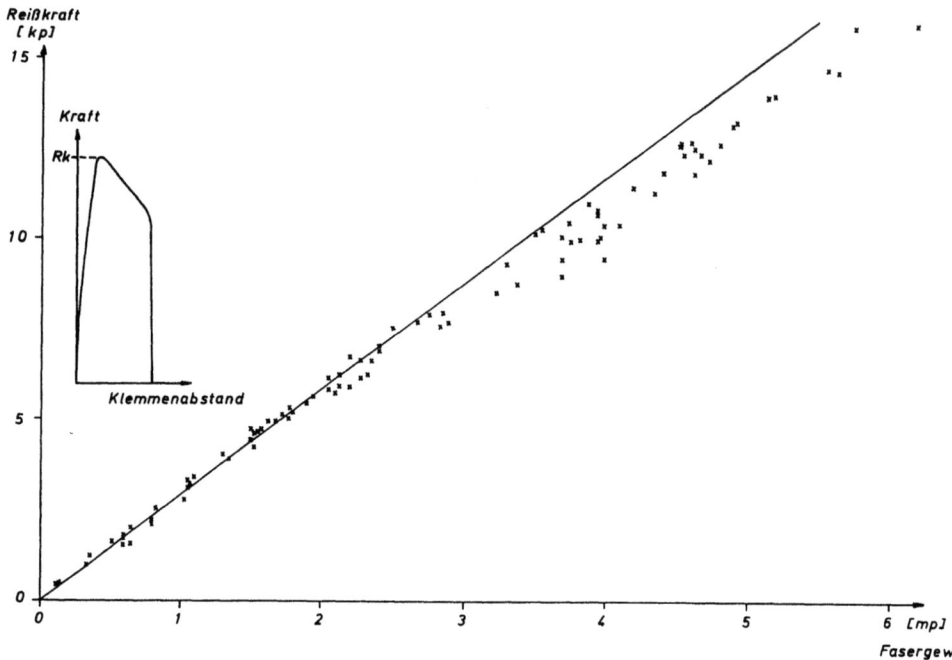

Abb. 7 Faserbündelreißkraft in Abhängigkeit von der Bündeldicke (Einspannlänge 0) (Baumwolle)

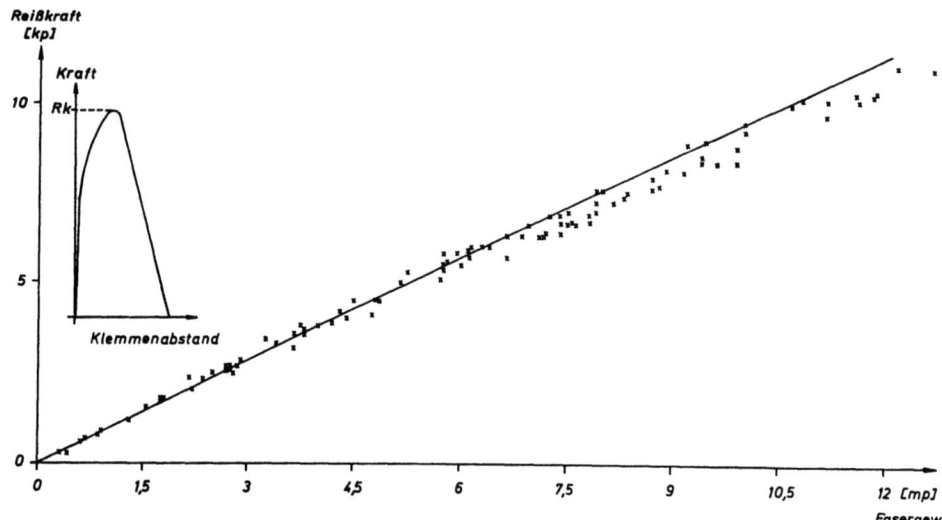

Abb. 8 Faserbündelreißkraft in Abhängigkeit von der Bündeldicke (Einspannlänge 0) (Wolle)

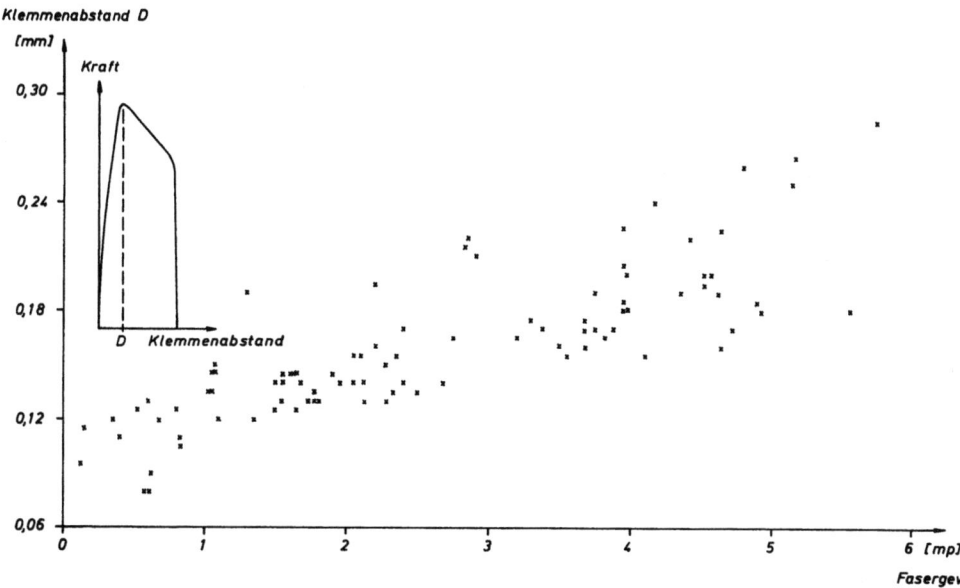

Abb. 9 Abhängigkeit des Klemmenabstandes bei Erreichen der Reißkraft von der Bündeldicke (Einspannlänge 0) (Baumwolle)

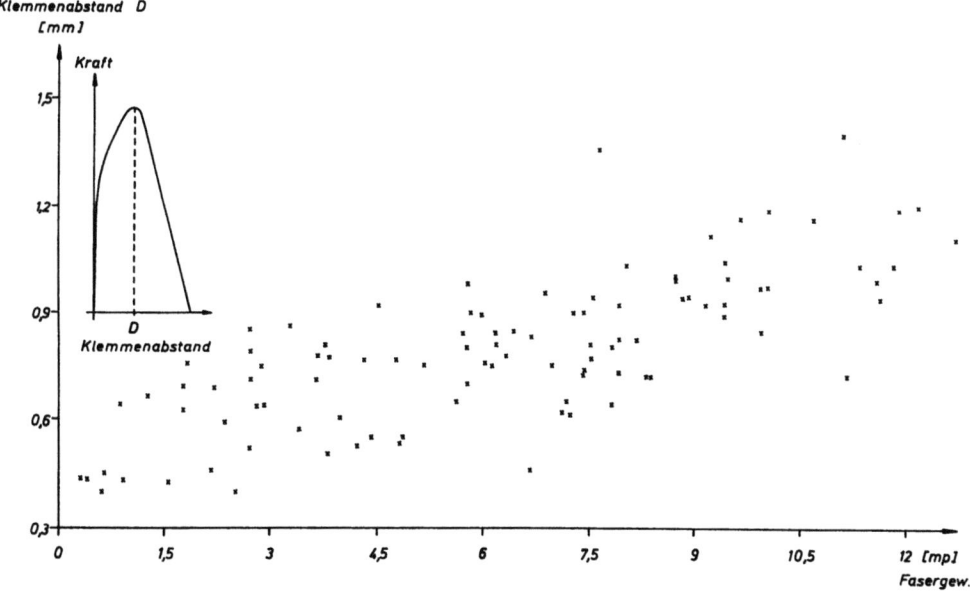

Abb. 10 Abhängigkeit des Klemmenabstandes bei Erreichen der Reißkraft von der Bündeldicke (Einspannlänge 0) (Wolle)

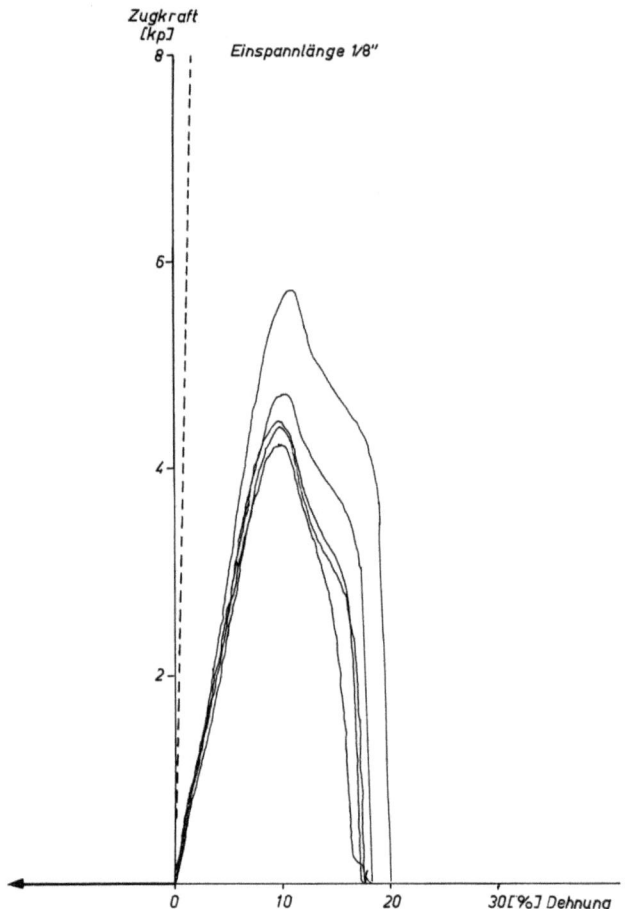

Abb. 11 Kraft-Dehnungs-Linien von Faserbündeln (Baumwolle, Guiza-W)

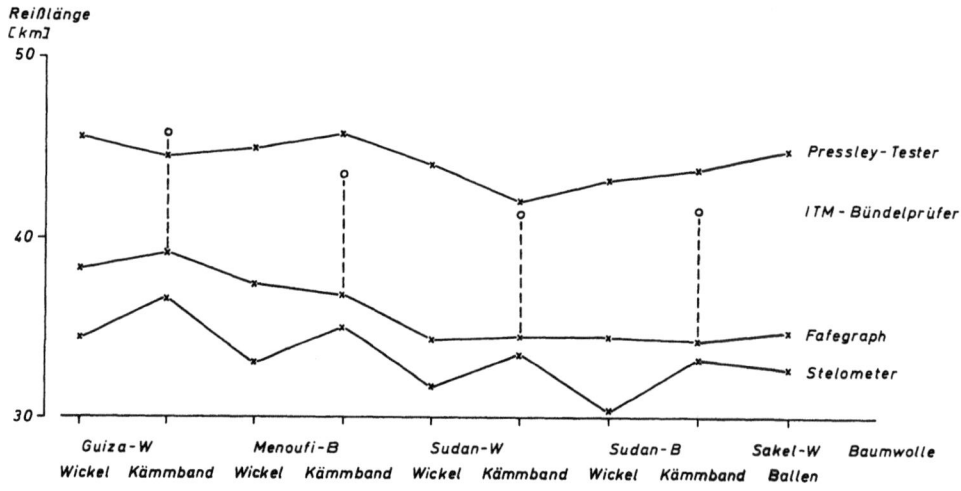

Abb. 12 Faserbündelprüfungen bei Einspannlänge 0

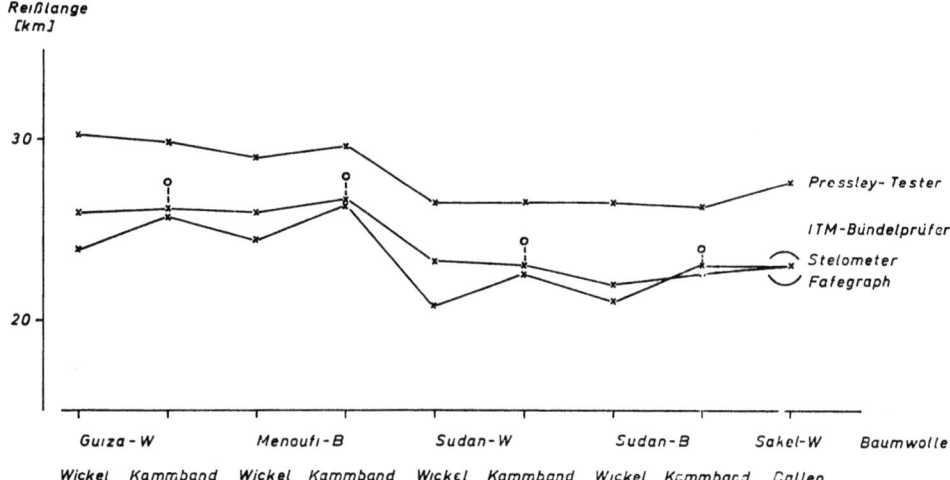

Abb. 13   Faserbündelprüfungen bei Einspannlänge $1/8''$

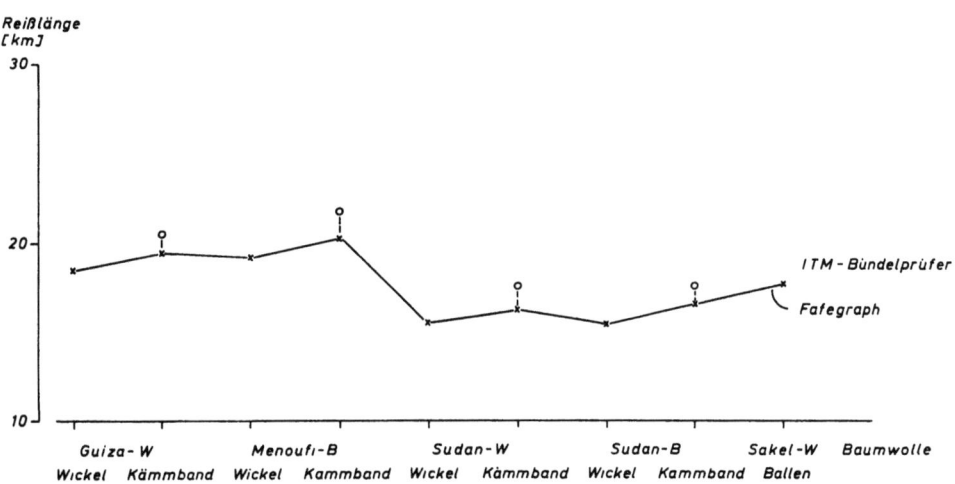

Abb. 14   Faserbündelprüfungen bei Einspannlänge 10 mm

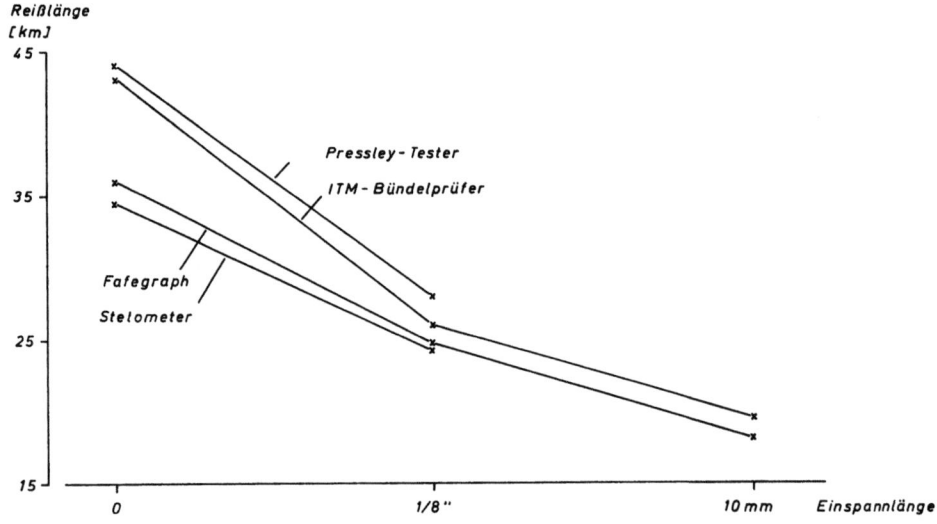

Abb. 15 Reißlänge von Faserbündeln in Abhängigkeit von der Einspannlänge
(Mittel aus Guiza-W, Menoufi-B, Sudan-W und Sudan-B)

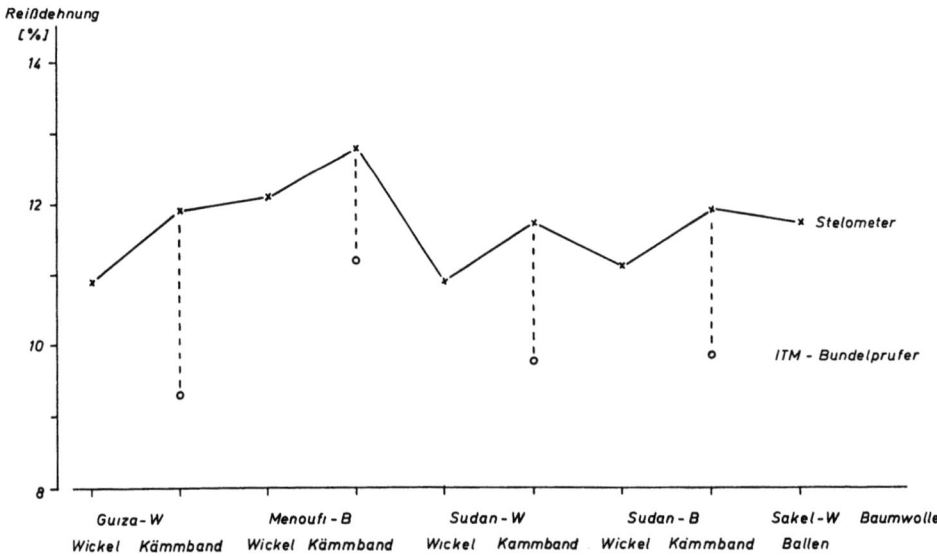

Abb. 16 Reißdehnung von Faserbündeln bei Einspannlänge $1/8''$

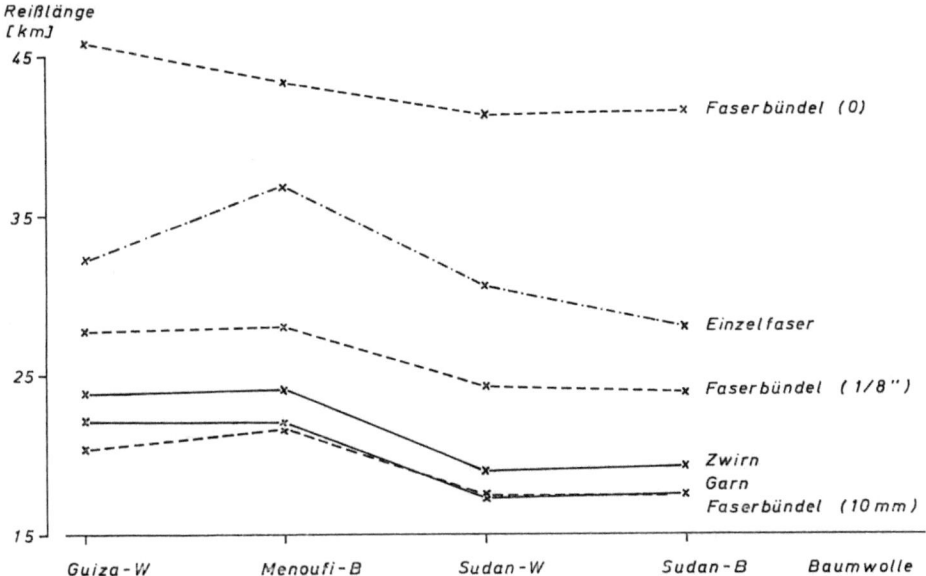

Abb. 17   Vergleichende Zugprüfungen an Einzelfasern, Faserbündeln, Garnen und Zwirnen

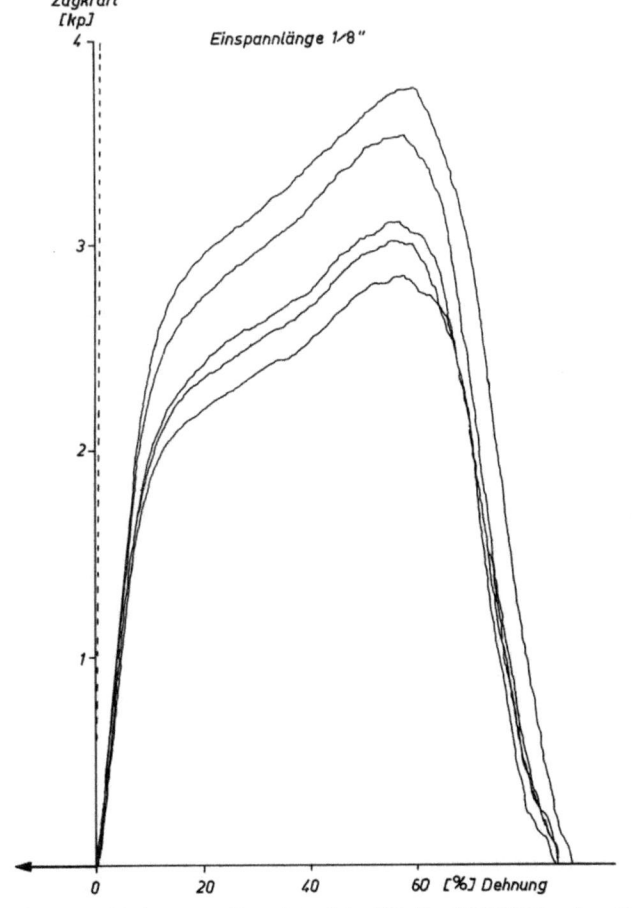

Abb. 18   Kraft-Dehnungs-Linien von Faserbündeln (Wolle, 220/4205 rohweiß)

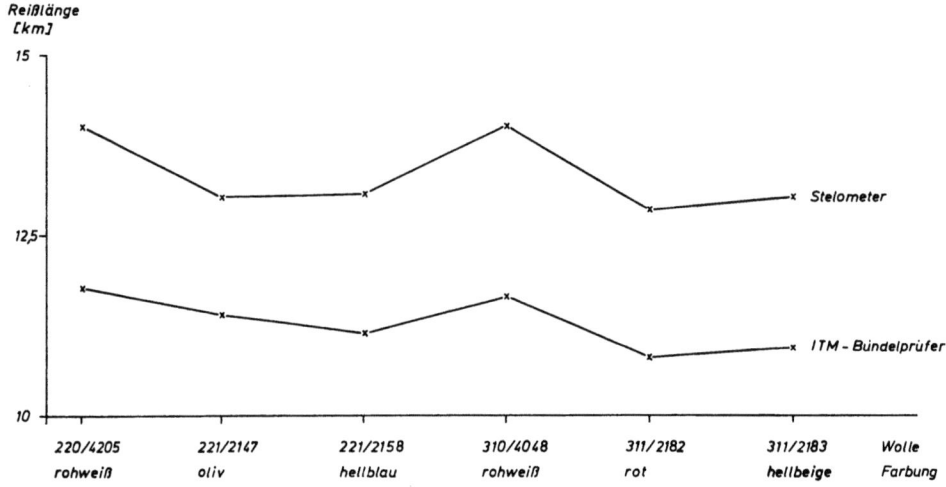

Abb. 19 Faserbündelprüfungen bei Einspannlänge 0

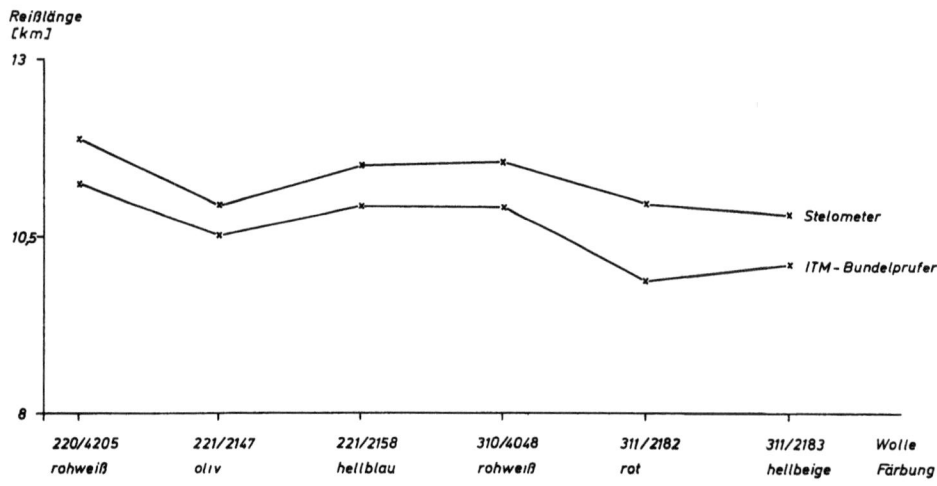

Abb. 20 Faserbündelprüfungen bei Einspannlänge $1/8''$

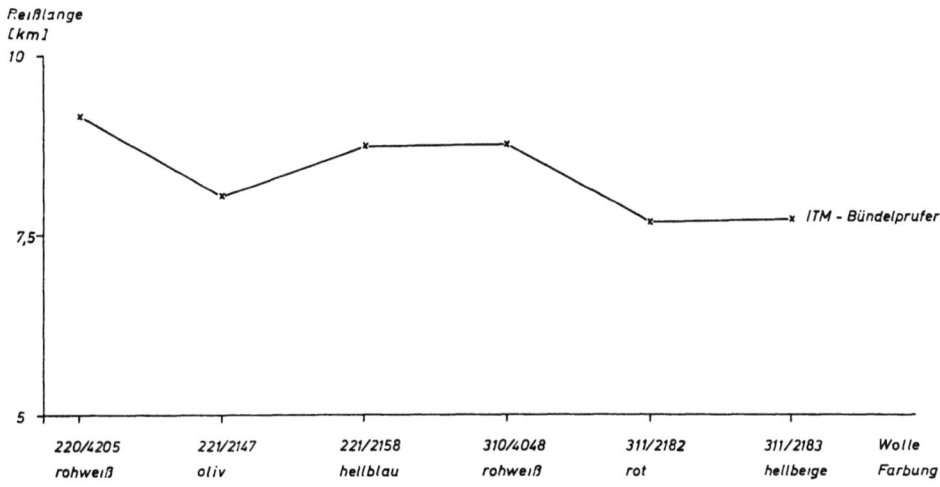

Abb. 21 Faserbündelprüfungen bei Einspannlänge 10 mm

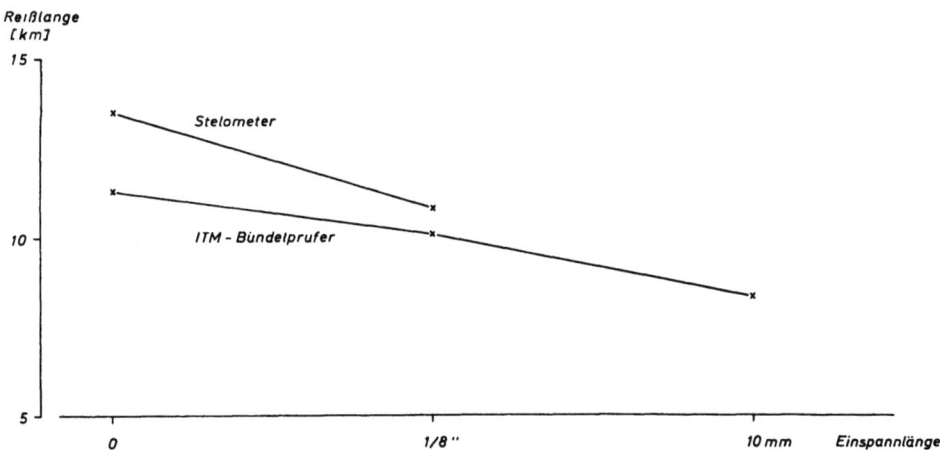

Abb. 22 Reißlänge von Faserbündeln in Abhängigkeit von der Einspannlänge
(Mittel aus den 6 Wollmaterialien)

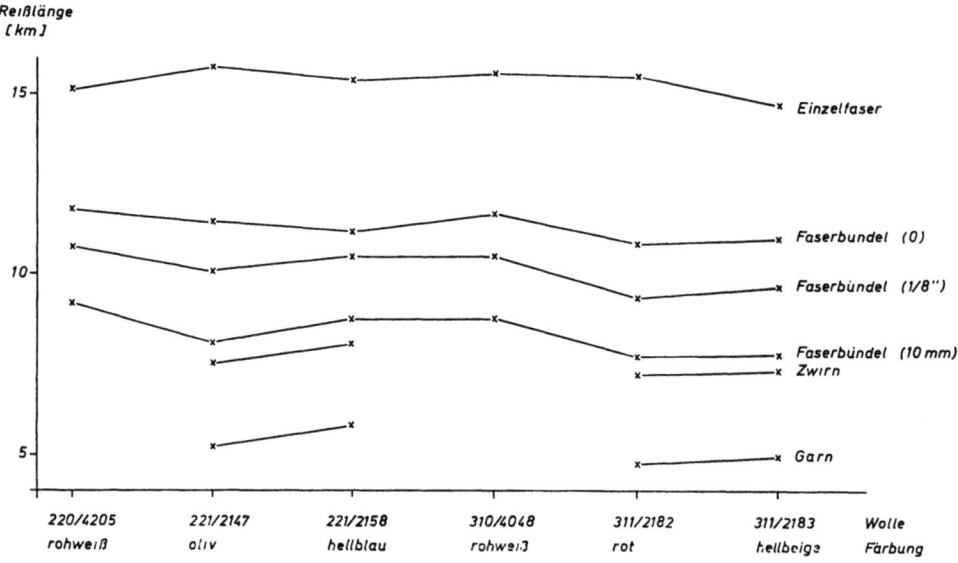

Abb. 23 Vergleichende Zugprüfungen an Einzelfasern, Faserbündeln, Garnen und Zwirnen

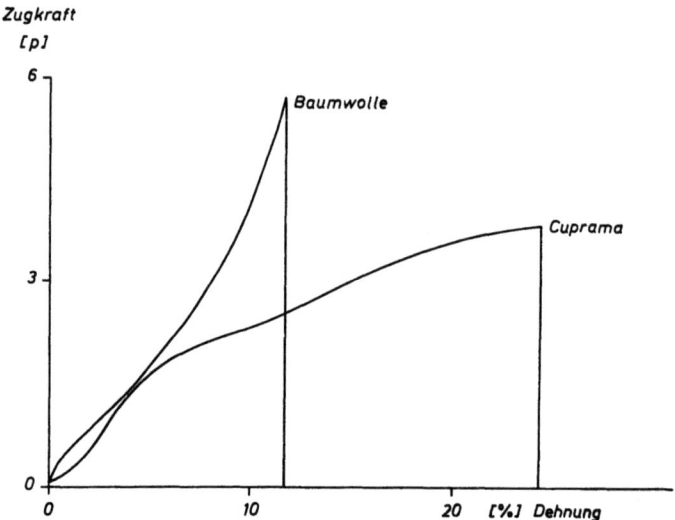

Abb. 24 Kraft-Dehnungs-Linien von Baumwolle- und Cuprama-Einzelfasern

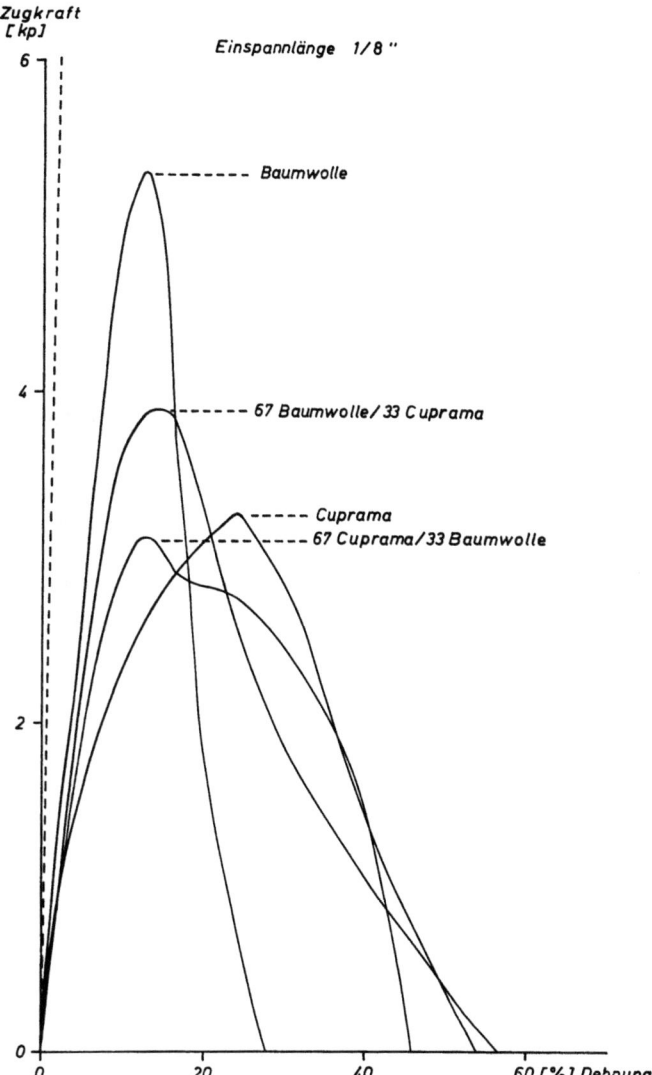

Abb. 25 Mittlere Faserbündel-Kraft-Dehnungs-Linien (Baumwolle/Cuprama)

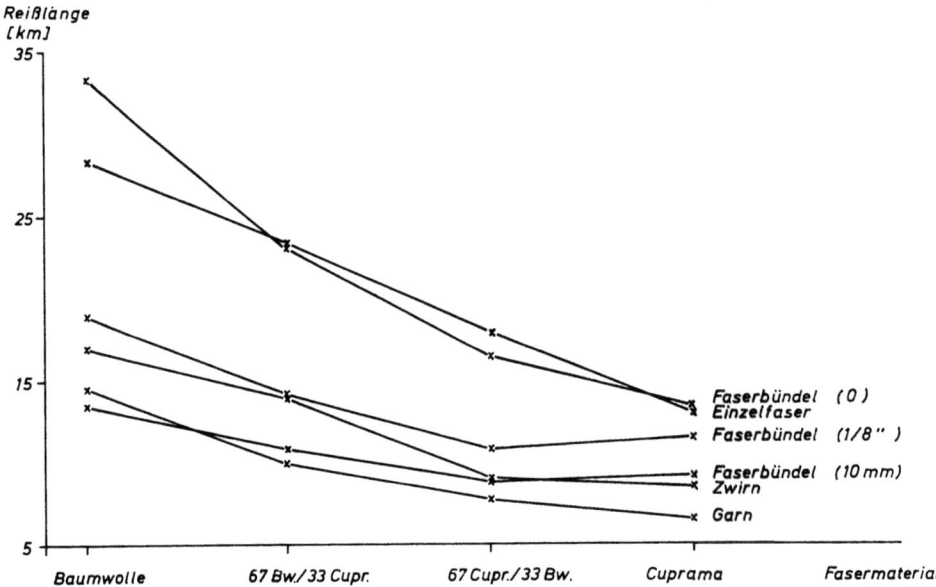

Abb. 26 Vergleichende Zugprüfungen an Einzelfasern, Faserbündeln, Garnen und Zwirnen (Baumwolle/Cuprama)

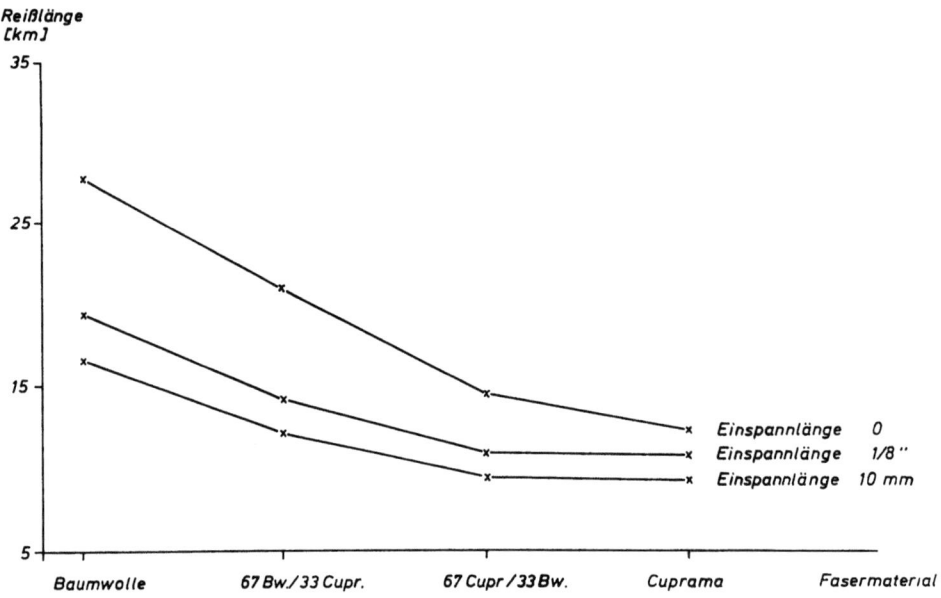

Abb. 27 Zugprüfungen an gebündelten Garnen (Baumwolle/Cuprama)

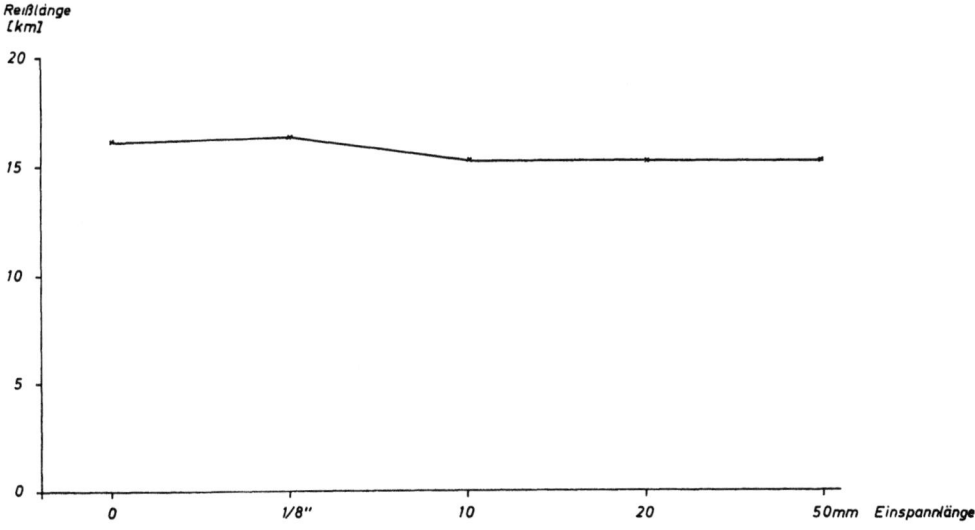

Abb. 28 Reißlänge von gebündelten Reyonfäden in Abhängigkeit von der Einspannlänge

Forschungsberichte des Landes Nordrhein-Westfalen

Herausgegeben im Auftrage des Ministerpräsidenten Heinz Kühn und des Ministers für Wissenschaft und Forschung Johannes Rau von Leo Brandt

Sachgruppenverzeichnis

Acetylen · Schweißtechnik
Acetylene · Welding gracitice
Acétylène · Technique du soudage
Acetileno · Técnica de la soldadura
Ацетилен и техника сварки

Arbeitswissenschaft
Labor science
Science du travail
Trabajo científico
Вопросы трудового процесса

Bau · Steine · Erden
Constructure · Construction material · Soilresearch
Construction · Matériaux de construction · Recherche souterraine
La construcción · Materiales de construcción · Reconocimiento del suelo
Строительство и строительные материалы

Bergbau
Mining
Exploitation des mines
Minería
Горное дело

Biologie
Biology
Biologie
Biologia
Биология

Chemie
Chemistry
Chimie
Quimica
Химия

Druck · Farbe · Papier · Photographie
Printing · Color · Paper · Photography
Imprimerie · Couleur · Papier · Photographie
Artes gráficas · Color · Papel · Fotografía
Типография · Краски · Бумага · Фотография

Eisenverarbeitende Industrie
Metal working industry
Industrie du fer
Industria del hierro
Металлообрабатывающая промышленность

Elektrotechnik · Optik
Electrotechnology · Optics
Electrotechnique · Optique
Electrotécnica · Optica
Электротехника и оптика

Energiewirtschaft
Power economy
Energie
Energía
Энергетическое хозяйство

Fahrzeugbau · Gasmotoren
Vehicle construction · Engines
Construction de véhicules · Moteurs
Construcción de vehículos · Motores
Производство транспортных средств

Fertigung
Fabrication
Fabrication
Fabricación
Производство

Funktechnik · Astronomie
Radio engineering · Astronomy
Radiotechnique · Astronomie
Radiotécnica · Astronomía
Радиотехника и астрономия

Gaswirtschaft
Gas economy
Gaz
Gas
Газовое хозяйство

Holzbearbeitung
Wood working
Travail du bois
Trabajo de la madera
Деревообработка

Hüttenwesen · Werkstoffkunde
Metallurgy · Materials research
Métallurgie · Matériaux
Metalurgia · Materiales
Металлургия и материаловедение

Kunststoffe
Plastics
Plastiques
Plásticos
Пластмассы

Luftfahrt · Flugwissenschaft
Aeronautics · Aviation
Aéronautique · Aviation
Aeronáutica · Aviación
Авиация

Luftreinhaltung
Air-cleaning
Purification de l'air
Purificación del aire
Очищение воздуха

Maschinenbau
Machinery
Construction mécanique
Construcción de máquinas
Машиностроительство

Mathematik
Mathematics
Mathématiques
Matemáticas
Математика

Medizin · Pharmakologie
Medicine · Pharmacology
Médecine · Pharmacologie
Medicina · Farmacología
Медицина и фармакология

NE-Metalle
Non-ferrous metal
Metal non ferreux
Metal no ferroso
Цветные металлы

Physik
Physics
Physique
Física
Физика

Rationalisierung
Rationalizing
Rationalisation
Racionalización
Рационализация

Schall · Ultraschall
Sound · Ultrasonics
Son · Ultra-son
Sonido · Ultrasónico
Звук и ультразвук

Schiffahrt
Navigation
Navigation
Navegación
Судоходство

Textilforschung
Textile research
Textiles
Textil
Вопросы текстильной промышленности

Turbinen
Turbines
Turbines
Turbinas
Турбины

Verkehr
Traffic
Trafic
Tráfico
Транспорт

Wirtschaftswissenschaften
Political economy
Economie politique
Ciencias económicas
Экономические науки

Einzelverzeichnis der Sachgruppen bitte anfordern

 Springer Fachmedien Wiesbaden GmbH

MIX
Papier aus verantwortungsvollen Quellen
Paper from responsible sources
FSC® C105338

If you have any concerns about our products,
you can contact us on
ProductSafety@springernature.com

In case Publisher is established outside the EU,
the EU authorized representative is:
**Springer Nature Customer Service Center GmbH
Europaplatz 3, 69115 Heidelberg, Germany**

Printed by Libri Plureos GmbH
in Hamburg, Germany